海鹰智库丛书

NAVIGATION & GUIDANCE, CONTROL TECHNOLOGY

导航制导与控制
技术篇

北京海鹰科技情报研究所　汇　编

陈少春　主　编

薛连莉　副主编

沈玉芃　朱　鹤　参　编

北京理工大学出版社
BEIJING INSTITUTE OF TECHNOLOGY PRESS

版权专有　侵权必究

图书在版编目（CIP）数据

海鹰智库丛书. 导航制导与控制技术篇／北京海鹰科技情报研究所汇编. —北京：北京理工大学出版社，2021.1
ISBN 978-7-5682-8988-7

Ⅰ.①海… Ⅱ.①北… Ⅲ.①导航-文集②制导-文集　Ⅳ.①TJ-53②TN96-53

中国版本图书馆 CIP 数据核字（2020）第 163565 号

出版发行／北京理工大学出版社有限责任公司
社　　址／北京市海淀区中关村南大街5号
邮　　编／100081
电　　话／（010）68914775（总编室）
　　　　　（010）82562903（教材售后服务热线）
　　　　　（010）68948351（其他图书服务热线）
网　　址／http：//www.bitpress.com.cn
经　　销／全国各地新华书店
印　　刷／保定市中画美凯印刷有限公司
开　　本／710毫米×1000毫米　1/16
印　　张／12.25　　　　　　　　　　　　　责任编辑／孙　澍
字　　数／157千字　　　　　　　　　　　　文案编辑／朱　言
版　　次／2021年1月第1版　2021年1月第1次印刷　责任校对／周瑞红
定　　价／56.00元　　　　　　　　　　　　责任印制／李志强

图书出现印装质量问题，请拨打售后服务热线，本社负责调换

海鹰智库丛书
编写工作委员会

主　编　谷满仓

副主编　许玉明　刘　侃　张冬青　蔡顺才
　　　　　徐　政　陈少春　王晖娟

参　编（按姓氏笔画排序）
　　　　　王一琳　朱　鹤　李　志　杨文钰
　　　　　沈玉芃　周　军　赵　玲　侯晓艳
　　　　　徐　月　隋　毅　薛连莉

FOREWORD / 前言

武器装备作为世界各国维护国家安全和稳定的国之利器，其技术的先进程度一直备受瞩目。随着新时期武器装备持续升级，作战样式和概念持续更新，技术创新与应用推动国防关键技术和前沿技术不断取得突破。近年来，北京海鹰科技情报研究所主办的《飞航导弹》《无人系统技术》、承办的《战术导弹技术》期刊，围绕世界先进装备发展情况开展选题，陆续组织刊发了一系列优秀论文，受到了广泛关注。

为全面深入反映世界导弹武器系统相关技术领域的发展和研究情况，帮助对武器装备相关技术领域感兴趣的广大读者全面、深入了解导弹武器装备相关技术领域的研究成果和发展动向，北京海鹰科技情报研究所借助《飞航导弹》《战术导弹技术》《无人系统技术》三刊的出版资源，结合当前研究热点，从总体技术、导航制导与控制、人工智能技术、高超声速技术、电子信息技术等五个领域入手，每个领域汇集情报跟踪分析、前沿技术研究、关键技术研究等相关文章，力求集中反映该领域的发展情况，以专题形式汇编成书，五大领域集合形成海鹰智库丛书，旨在借助已有学术资源，通过信息重组，挖掘归类形成新的知识成果，服务于科技创新。

本书在汇编过程中，得到了各级领导和作者的大力支持，编写工作委员会对丛书进行了认真审阅和精心指导，编辑人员开展了细致的审校工作。在此，向为本书出版作出努力的所有同志表示衷心的感谢！

尽管编撰组作了大量的工作，但由于时间仓促，水平有限，书中有不妥之处在所难免，恳请读者批评指正。

2020 年 8 月

CONTENTS / 目录

- 多导弹协同制导方法分类综述 …………………………………… 001
- 多导弹攻击时间和攻击角度协同制导研究综述 ………………… 014
- 导弹制导控制一体化设计方法综述 ……………………………… 025
- 基于视觉的同时定位和构图关键技术综述 ……………………… 039
- C^2BMC 系统的发展现状及趋势 ………………………………… 054
- 2019 年国外导弹防御系统发展评述 …………………………… 067
- 陀螺仪的历史、现状与展望 ……………………………………… 080
- 弹载雷达导引技术发展趋势及其关键技术 ……………………… 091
- 从外军装备的作战使用和技术改进看精确制导技术的发展 …… 100
- 基于 MEMS 技术的捷联惯导系统现状 ………………………… 109
- 考虑几何约束的无人机双机编队相对姿态确定方法 …………… 121
- 运载器大气层内上升段闭环制导方法研究现状 ………………… 132
- 基于 H-V 规划的多约束再入滑翔制导方法 …………………… 144
- 毫米波导引头目标再捕获方法 …………………………………… 157
- 基于 SMDO-NGPC 的无人机姿态控制律设计 ………………… 174

多导弹协同制导方法分类综述

施广慧 赵瑞星 田加林 席建祥

  本文综述了多导弹协同制导方法的研究现状，分析了各种协同制导方法间的本质区别。依据协调信息获取来源这一根本差异，将现有协同制导方法分类为独立式协同制导和综合式协同制导。对于综合式协同制导，依据协调信息的配置方式，进一步划分为集中式和分布式。结合典型研究成果，对不同类型协同制导方法进行了优缺点比较，分析了当前协同制导方法存在的问题，并指出了该领域未来可能的研究方向。

引 言

协同控制起源于自然界中生物集群现象,如鸟类编队飞行以减少阻力,鱼类群聚以抵御天敌等。群体内的协调与合作将极大地提高个体行为的智能化程度,能够完成单个个体无法完成的任务,具有高效率、高容错性和内在的并行性等优点[1]。协同的优越性使其成为当前控制领域的研究热点,多水下航行器、多无人机、卫星编队等都是对协同控制理论的典型应用[2-4]。

随着现代反导技术不断升级,导弹突防难度日益增大,类似CIWS(Close-in Weapon System)的此类导弹防御系统以其全方位多层次情报搜集能力、战场拦截能力和主动干扰能力,致使单枚导弹在作战中面临巨大威胁[5-8]。将协同控制技术应用于导弹作战任务,使传统单一导弹作战变为相互之间具备协调合作的导弹群作战,可以提高导弹的突防能力、打击效能等。此外,多导弹协同作战还能实现战术隐身、增强电子对抗能力和对运动目标的识别搜捕能力等单枚导弹无法完成的任务[9-11]。多导弹协同作战涉及的技术众多,协同制导技术作为其中的关键,直接决定了导弹的控制精度与协同效果[12]。如何设计协同制导律以应对复杂多变的实际作战环境,提高协同作战效果,是当前协同制导问题的一个关键点[13]。

文献[14]中,Mclain等人首次提出了协调变量(Coordination Variables)的概念,利用协调变量概念而提出的协同控制方法,被认为是一种解决多主体协同控制问题的通用方法。在多无人机的协同控制中,利用基于协调变量的协同控制已经被证实发挥了重要作用[15]。在文献[16]中,赵世钰和周锐将其应用到多导弹的协同制导中,提出了具有一定代表性的基于协调变量的多导弹协同制导方法。可见,协调变量在整个协同任务中发挥着关键作用,大量此类关于多导弹协同制导问题的文献中都可以看到协调变量的身影,尽管并非所有都被称作协调变量,但其在协同任务中发挥的作用与其基本相当。在此将其统一概括为协调信息,而导弹的速度、位置、视线角、前置角等状态量一致称为导弹的状态信息。

文献［17］依据协同的约束条件，将协同制导律进行了分类。其中，基于弹着时间约束的协同制导律是将时间作为协调信息，而终端角度约束类型则是将角度作为协调信息。可见，不同协同制导律的区别之处在于对不同的协调信息进行约束。所以，依据约束条件作为分类的本质，是依据协调信息类型的分类。本文依据协调信息的获取来源与配置方式，尝试从更为深入、本质的角度对该领域的研究成果进行分类归纳，比较各自优缺点，并提出有待解决的问题。

1　独立式协同制导

独立式协同制导最本质的特征是协调信息的确定仅仅依靠自身状态信息。导弹之间不存在任何通信，各自的状态信息不能为其他任何导弹所感知和利用，飞行中的每一枚导弹各自按照预先设定好的制导律独立飞行。协同作战效果能够实现，依靠的是各枚导弹的制导律协调信息中存在某一约束的预设相同期望值，在协调信息的调节下促使各枚参战导弹的相应状态信息共同趋向该期望值，最终实现状态一致。

在2006年，Jeon等人以多反舰导弹齐射攻击为背景，提出了任意指定飞行时间的制导律（Impact-time-control Guidance，ITCG）[18]，为多导弹协同制导律设计问题率先提出了尝试性的解决方法。经过近似和线性化简化后的ITCG加速度控制指令表达式为

$$a = a_B + a_F = NV\dot{\lambda} + K_\varepsilon \varepsilon_T \tag{1}$$

式中，$\varepsilon_T = \bar{T}_{go} - \hat{T}_{go}$ 为剩余时间误差反馈，$\bar{T}_{go} = T_d - T$ 为期望剩余飞行时间，T 为当前时刻，T_d 为ITCG的关键要素期望攻击时间，$\hat{T}_{go}$ 为以比例导引估计出的实际剩余时间。被本文作为分类依据的协调信息是 ε_T，而 T 和 $\hat{T}_{go}$ 是构成 ε_T 的状态信息。协调信息仅仅依赖于一个共同并确知的 T_d 和两个自身状态量，不涉及任何其他导弹状态信息。在协调信息的反馈控制下，每枚导弹的攻击时间各自独立地趋于 T_d，时间协同的实现仅依靠所有 T_d 的取值一致。

为了取得更好的作战效果，一般要求同时到达目标的导弹还能以不同的角度入射。为此，Jeon等人在2007年又提出了带有角度约束的攻击时间控制导引律（Impact-time-and-angle-control Guidance，ITACG）[19]，其时间协同方式与ITCG基本类似。类似ITCG的攻击时间可控导引律是解决多导弹协同制导问题理论研究领域较典型且有效的范例，诸多学者得以在其基础上展开更为深入的探索。但是，由于期望攻击时间有效范围如何确定、过度的线性化简化等问题，导致其实际应用尚存在困难。

文献[23]提出了一种通过航路动态规划实现协同的制导方法，飞行全程规划的航路均为直线或圆弧，成为当前多导弹协同制导方法中较易于工程实现的一种。角度协同的实现根据第i枚导弹位置（x_i, y_i）和航向角α_i两个状态信息，给定期望攻击角θ_i后可确定作为协调信息的轨迹圆弧半径R，而后依靠双圆弧原理得到导引其进入期望攻击角所需的控制指令[24]。时间协同的原理与ITCG基本类似，都是通过各自状态量生成协调信息，独立地逼近一个预设期望攻击时间。与ITCG不同的是具体控制导弹的机动方式，直线和圆弧状的规则航迹决定了基于双圆弧原理的协同制导，是目前时间和角度同时约束的协同制导律中最易于作战实现的。然而，由于时间与角度的协同分时进行，在一定程度上影响了协同的效果；而简单的加速度指令和规则的飞行航路都增加了导弹被拦截的概率。

在大部分独立式协同制导方法中，还存在的一个普遍问题是协调信息依赖于一个需要提前确定好的期望值。诸多文献中都需要提前确定出期望攻击时间t^*或期望攻击角度q^*。一方面，这样的确定不是必需的，时间协同只需满足同时到达即可；另一方面，可以保证协同制导律有效、突防打击效能最佳或能耗最省的期望值有效范围是未知的。摆脱确定期望值对多导弹协同制导作战应用的束缚，是独立式协同制导发展的必经之路。

为了避免需要提前确定一个期望值的束缚，文献[27]提出了一种基于领弹-被领弹策略的协同制导律。领弹采用经典比例导引，被领弹采用经典比例导引附加机动控制，通过机动控制对领弹的状态信息进行跟踪，取代以往的某一固定期望值，所以，被领弹能够根据领弹攻击目标、状态的不同在线改变到达时间和攻击角度。通过使用类似方法，这一策略在文献［28］中被扩展到三维空间。而文献［29］通过提出一种视线角速率提取算法，保证在从弹不携带导引头的情况下获取制导信息，降低了成本，提高了隐蔽性。控制指令仅含有领弹和一枚被领弹二者的相关状态信息，可知每枚被领弹与领弹之间都有单向的信息连通；而众多被领弹之间仍没有通信联系，对领弹的跟踪各自独立完成。这就决定了基于领弹-被领弹策略的协同制导方法仍受限于独立式协同制导的局限性，任意一枚被领弹对领弹的跟踪失效都将直接导致协同作战效果变差，而一旦领弹出现故障，整个协同任务都将失败。

独立式协同制导中协调信息确定来源的独立性，从本质上决定了这样的协同是局限的。尽管以上文献所提出的时间协同和角度协同在一定程度上能够实现，但协调信息无法反映当前时刻协同作战导弹集群整体状态信息的事实，决定了这样的协调信息只能用于低级层面的协调。一枚导弹的协同功能出现问题，其状态信息势必发生改变，但导弹集群中任何一个其他主体得到的协调信息都无法反映其变化，更无法做出相应调整。所以，独立式协同制导是较低级层面的协同，存在协同效果不佳、鲁棒性较差的问题。

2 综合式协同制导

综合式协同制导区别于独立式协同制导之处在于，每枚导弹的协调信息融入了除自身以外的状态信息。相邻或所有参与协同作战导弹的状态信息，通过一定方式的综合共同确定了协调信息。反映出此种协同方式具备自主协同的基础，能够根据其他导弹的实时状态相应地调整自身控制指令，以实现飞行过程中的动态协同。根据协调信息形成和配置的方式不同，存在集中式和分布式两类区别较为明显的综合式协同制导方法，这两种方法各有优缺点。

2.1 集中式协同制导

协调信息统一形成、集中配置的综合式协同制导方法简称为集中式协同制导。集中式协同制导中所有参战导弹的相应状态信息被发送至集中协调单元，共同形成一个唯一的协调信息并分发至所有导弹。集中协调单元可为地面站、预警机，也可为领弹-从弹中的领弹，甚至是存在于一枚普通导弹中的运算单元。集中式协同制导最显著的特征是协调信息由集中协调单元统一配置给所有参战导弹，用于时间、角度等约束的协调，以达到状态一致的目的。

文献 [16] 提出了一种具有双层协同制导结构的集中式协同制导律，其底层导引控制指令直接采用 ITCG。但是，协调信息中的收敛目标由单一固定给定值变为了一个综合所有参战导弹剩余飞行时间估计的值。每枚导弹的飞行时间向所有导弹剩余飞行时间估计的加权平均值收敛，状态信息交流和共享及协调信息的配置通过集中协调单元完成。

以上列举的协同制导方法中的多种，都需要假设导弹速度恒定以实现对剩余飞行时间的估计。然而，实际作战情况下，导弹飞行速度不可能恒定，以此估计出的剩余飞行时间误差较大，协同效果受影响。对此，王晓芳等人在文献 [30] 中考虑导弹速度可变且避开了对剩余飞行时间的估计，设计了一种弹目距离 r_i 协同制导律，促使弹目距离渐近收敛于期望弹目距离

$$\bar{r} = \sum_{i=1}^{n} r_i / n \qquad (2)$$

式中，n 为导弹总数，i 为导弹编号。作为收敛目标，$\bar{r}$ 是所有参与协同作战导弹的实际弹目距离平均值，用这样带有全局状态信息的期望弹目距离去协调每一枚导弹的状态，导弹能够根据协调信息反映出的其他导弹状态的实时变化，灵活地调整自身状态。在其基础上，考虑导弹的建模误差以及受到干扰时的不确定因素，文献 [31] 设计了具有鲁棒性的制导控制一体化控制器，使基于弹目距离的协同制导律更具实战基础。

类似以上采用集中式结构获取状态信息、配置协调信息的协同制导方法，具备结构简单易于实现、信息获取充分、能得到最优解且收敛速度快的优点。但是，要使集中协调单元获取其他所有导弹的状态信息，这对通信的要求非常高；而集中协调单元的存在，一旦受到破坏，则将导致协同的彻底失效，系统鲁棒性较差。

2.2 分布式协同制导

分布式协同制导是指通过相邻导弹间的局部通信，渐近实现对协同目标认知一致的协同制导方法。每枚导弹的控制指令协同部分都涉及了所有能与其通信的导弹（一般为相邻导弹）的状态信息，尽管单枚导弹协调信息反映的集群状态不如集中式协同制导充分，但通过通信结构的互联，状态信息同样可以间接地实现共享。其中，每枚导弹的地位相等，不再存在一个集中协调单元，取而代之的是分散在各枚导弹中的协调信息运算单元。

一致性原理是分布式解决协同制导问题的一种有效方法，将一致性算法与攻击时间可控制导律结合，联系二者的纽带——时间协调信息通过如下一致性协调算法求得：

$$\dot{x} = -CLx \quad (3)$$

式中，$x = [x_1, x_2, \cdots, x_n]^T$ 为时间状态量，$C = \text{diag}\{c_1, c_2, \cdots, c_n\}$ 为加权系数矩阵，L 为拉普拉斯矩阵。文献[32,33]证明，当通信拓扑图含有有向生成树时，该系统获得一致性。将上式求得的时间协调信息作为本地导引律 ITCG 中的期望剩余飞行时间 $\dot{T}_{go,i}$，所有导弹飞行时间实现渐近一致。通过调节加权系数，还可渐近收敛于文献[16]中采用集中式协同时的协调变量次优解，使能量消耗最低，达到集中式协同的效果。通过双层协同制导结构的设计，上层使用一致性算法分布式地求解了时间协调信息，将集中式的结构分散化，在保证同样能够收敛到使系统能量消耗最小的协调信息下，不再需要一个融通信、运算于一体的强大集中协调单元[34]。

在拉普拉斯矩阵 L 固定不变的情况下，文献[35]解决了固定强连通平衡网络拓扑结构下的多弹协同制导问题。为进一步提高导弹集群应对复杂作战环境能力，针对导弹运动和通信故障，文献［36］建立了如下节点状态连续而图 G 状态离散的混杂系统模型：
$$\dot{x} = CL(G_k)x, k = s(t), G_k \in \varGamma_n \tag{4}$$
式中，$\varGamma_n$ 表示 n 阶强连通平衡有向图的有限集合，$s(t)$ 为跳变信号。该模型考虑了在跳变网络拓扑结构下的一致性协同制导问题，并得到了一致性算法收敛速度下限，为收敛周期的制定提供了依据。文献［37］则进一步分析了固定拓扑和切换拓扑两种情况下同时存在通信时延和拓扑结构不确定的多弹协同制导攻击时间一致性问题，为多弹协同作战在弹间通信时延、通信拓扑结构时变等实际问题中运用一致性原理做了理论分析。

文献［38］考虑了二阶的一致性算法，将其应用到高超声速目标的拦截问题中。而文献［20］则从另一角度，将基于一致性的协同制导方法应用到多个导弹编队的协同攻击中，拓宽了一致性原理在导弹协同作战中的应用。

与一致性原理结合用以解决协同制导问题的攻击时间可控导律，存在确定期望剩余时间的过程，但是期望剩余时间的收敛与实际剩余时间的收敛互为前提，系统稳定性不能得到保证。因此，文献［39］提出了通过直接互调各导弹剩余时间差的分布式协同制导律，避免了期望剩余时间的确定。但是，所提制导律模型不利于时延、拓扑结构切换或拓扑不确定情况下的数学分析。

网络同步原理与一致性原理在本质上没有区别，二者使用的协同控制协议在本质上相同，也被用于协同制导律的设计。基于网络同步原理，文献［40］彻底摆脱了对攻击时间可控导律的依赖，提出了在三维空间中针对机动目标的协同制导律，在假设目标位置、速度信息可测的情况下，将目标视作领弹，从而将协同攻击问题转换为同步算法实现问题。同步策略为
$$\dot{p} = \sum_{j=1}^{n} l_{ij}(p_j(t) - p_i(t)) + b_i(p_t(t) - p_i(t)) + \dot{p}_t(t) \tag{5}$$
式中，p_i 为第 i 枚导弹的位置状态，p_t 为目标位置状态，l_{ij} 为拉普拉斯

矩阵 $L=[l_{ij}]$ 元素，b_i 为矩阵 $B=\text{diag}\{b_1, b_2, \cdots, b_n\}$ 元素，表征第 i 枚导弹能否获取目标状态信息。文献证明当满足 $(L\text{-}B)$ 的最大特征值小于零时，导弹与目标位置能够趋于同步。

为了避免弹间碰撞，文献[41]基于网络同步原理又提出了一种三维空间内的碰撞自规避多弹协同制导律，并证明了当阵是 Hurwitz 的且 $t\to\infty$ 时可实现导弹与目标位置趋于预设安全距离。但是，由于直接将导弹位置通道与同步策略结合求出总速度、弹道倾角、弹道偏角的理想指令，复杂的数学模型极不利于网络拓扑结构时延、不确定及切换时的分析。

分布式协同制导以其分布式结构特有的优势，使多导弹协同制导具有通信要求低、抵御外界干扰能力强、可扩展性和协同效果好等突出的优点，是未来协同制导方法发展的主要方向。基于一致性原理的协同制导作为分布式协同制导方法中的一种，在设计协同制导律时便于综合考虑导弹之间的耦合和协同关系，利于复杂环境分析，具有独特的优势。

3 协同制导方法存在的问题及未来发展方向

当前解决多导弹协同制导问题的方法不断增多，环境适应性能力愈发受到重视，取得的协同效果也不断增强，但毕竟多弹协同制导是一个相对较新的领域，下面列举了当前其存在的部分问题，以及各自相应的改进方向。

（1）针对静止或慢速移动目标、二维平面内的协同制导律研究较多，适用于机动目标、三维空间中的协同制导律较少。为了推动协同制导律从理论研究发展至工程实践，提高适用范围和应用价值，目标机动及三维空间下的协同制导律必须得到着重研究。

（2）综合式协同制导协同效果具有天然优势，但是目前这一类研究集中在时间协同上的多，带有角度约束的综合式时间协同制导方法还比较少。协同作战任务往往要求时间和角度同时约束，以此取得最佳的目标毁伤效果，所以，带有角度约束的综合式协同律应该成为下一步研究的一个方向。

（3）一种新的协同制导律提出后，其效果验证无一例外地使用了计算机仿真。尽管利于进行系统的参数分析，便于指导后期制导律的优化改进，但是环境过于纯净、理想，忽略了外界因素的干扰。在日后研究工作中，计算机仿真完成后可考虑开展在多智能小车、多无人机上的验证工作。

（4）一致性原理作为解决协同制导问题的有效方法，一般都需结合攻击时间可控制导律，但是实际剩余时间是在导弹匀速运动的假设下估计得到，实际飞行时必定存在较大误差，实际剩余时间又与期望剩余时间收敛互为前提，系统稳定性无法得到保证。所以，研究如何克服上述问题的一致性协同制导律具有较大前景。

（5）时延和切换拓扑条件下的一致性协同制导问题目前都已得到研究，但关于自适应的一致性协同制导问题研究目前还未有出现。由弹群构成的网络节点间相互作用权重的自适应可变，理论上将进一步提高协同性能，值得下一步重点研究。

4　结束语

多弹协同是协同控制技术在导弹作战任务中的应用，其发展脱离不开协同控制技术的创新与成熟。目前，这方面的研究总体还比较少，由于技术上的难度或保密的原因，还未有实际协同制导导弹的研制或试射，而推动其向工程实践与广泛应用迈进的技术基础，仍将是多弹协同制导理论的不断深入研究。由于多导弹协同作战具有的重大潜在军事应用价值，相信在该领域科研人员的努力探索下，势必将迎来蓬勃的发展。

参考文献

[1] 闵海波，刘源，王仕成，等. 多个体协调控制问题综述［J］. 自动化学报，2012，38（10）.

[2] Viegas D, Batista P, Oliveira P, et al. Decentralized H2 observers for position and

velocity estimation in vehicle formations with fixed topologies [J]. Systems and Control Letters, 2012, 61 (3).

[3] Rabbath C A, Su C Y, Tsourdos A. Guest editorial introduction to the special issue on multivehicle systems cooperative control with application [J]. IEEE Transactions on Control Systems Technology, 2007, 15 (4).

[4] Beard R W, Lawton J, Hadaegh F Y. A coordination architecture for spacecraft formation control [J]. IEEE Transactions on Control Systems Technology, 2001, 9 (6).

[5] 关世义. 飞航导弹突防技术与战术导论 [J]. 战术导弹技术, 2006 (4).

[6] Lipman Y, Shinar J. Mixed-strategy guidance in future ship defense [J]. Journal of Guidance Control and Dynamics, 1996, 19 (2).

[7] 赵雪峰. 反舰导弹协同攻击制导方法研究 [D]. 哈尔滨：哈尔滨工业大学，2012.

[8] 肖志斌，何冉，赵超. 导弹编队协同作战的概念及其关键技术 [J]. 航天电子对抗，2013, 29 (1).

[9] 王昊宇，徐学强，房玉军. 网络化协同打击弹药技术 [J]. 兵工学报，2010, 31 (2).

[10] 张克，刘永才，关世义. 体系作战条件下飞航导弹突防与协同攻击问题研究 [J]. 战术导弹技术，2005 (2).

[11] 胡正东，林涛，张士峰，等. 导弹集群协同作战系统概念研究 [J]. 飞航导弹，2007 (10).

[12] 陈治湘. 多导弹协同作战若干关键技术研究. 西安：空军工程大学，2008.

[13] 李庆生，张文生，韩刚. 终端约束条件下末端制导律研究综述 [J]. 控制理论与应用，2016, 33 (1).

[14] Mclain T W, Beard R W. Coordination variables, coordination functions, and cooperative timing missions [J]. AIAA Journal of Guidance, Control and Dynamics, 2008, 28 (1).

[15] Beard R W, McLain T W, Nelson D B, et al. Decentralized cooperative aerial surveillance using fixed-wing miniature UAVs [J]. Proceedings of the IEEE, 2006, 94 (7).

[16] 赵世钰，周锐. 基于协调变量的多导弹协同制导 [J]. 航空学报，2008, 29 (6).

[17] 王建青，李帆，赵建辉，等. 多导弹协同制导律综述 [J]. 飞行力学，

2011，29（4）．

[18] Jeon I S, Lee J I, Tahk M J. Impact-time-control guidance law for anti-ship missiles [J]. IEEE Transactions on Control Systems Technology, 2006, 14 (2).

[19] Lee J I, Jeon I S, Tahk M J. Guidance law to control impact time and angle. IEEE Transactions on Aerospace and Electronic Systems, 2007, 43 (1).

[20] 邹丽，周锐，赵世钰，等．多导弹编队齐射攻击分散化协同制导方法[J]．航空学报，2011，32（2）．

[21] 周华，刘红军，王泽，等．一种基于目标机动补偿的协同制导律[J]．导弹与航天运载技术，2015（1）．

[22] 张功，李帆，赵建辉，等．弹着时间可控的机动目标多弹协同制导律[J]．指挥控制与仿真，2010，32（1）．

[23] 张友根，张友安，施建洪，等．基于双圆弧原理的协同制导律研究[J]．海军航空工程学院学报，2009，24（5）．

[24] 郭戈．移动机器人路径规划与环境绘图[J]．机器人，2003（4）．

[25] 王晓芳，林海．多约束条件下导弹协同作战制导律[J]．弹道学报，2012，24（3）．

[26] Zhang Y A, Ma G X. A biased PNG law with impact time constraint for anti-ship missiles [C]. 2012 Chinese Guidance, Navigation and Control Conf., Beijing, 2012.

[27] 张友安，马国欣，王兴平．多导弹时间协同制导：一种领弹-被领弹策略[J]．航空学报，2009，30（6）．

[28] 马国欣，张友根，张友安．领弹控制下的多导弹时间协同三维制导律[J]．海军航空工程学院学报，2013，28（1）．

[29] 赵恩娇，晁涛，王松艳，等．多飞行器协同制导问题研究[J]．战术导弹技术，2016（2）．

[30] 王晓芳，郑艺裕，林海．多导弹协同作战制导律研究[J]．弹道学报，2014，26（1）．

[31] 王晓芳，刘冬责，郑艺裕．基于动态面控制的多弹协同制导控制方法[J]．飞行力学，2016，34（3）．

[32] Ren W, Beard R W, Atkins E M. Information consensus in multivehicle cooperative control [J]. IEEE Control Systems Magazine, 2007, 27 (2).

[33] Olfati Saber R, Murray R M. Consensus problems in networks of agents with switc-

hing topology and time-delays [J]. IEEE Transactions on Automatic Control, 2004, 49 (9).

[34] Ren W, Beard Atkins. Information consensus in multivehicle cooperative control [J]. IEEE Control Systems, 2007, 27 (2).

[35] Zhao S Y, Zhou R. Cooperative guidance for multi-missile salvo attack [J]. Chinese Journal of Aeronautics, 2008, 21 (6).

[36] 彭琛, 刘星, 吴森堂, 等. 多弹分布式协同末制导时间一致性研究 [J]. 控制与决策, 2010, 25 (10).

[37] 王青, 后德龙, 李君, 等. 存在时延和拓扑不确定的多弹分散化协同制导时间一致性分析 [J]. 兵工学报, 2014, 35 (7).

[38] 赵启伦, 陈建, 董希旺, 等. 拦截高超声速目标的异类导弹协同制导律 [J]. 航空学报, 2016, 37 (3).

[39] 马国欣, 张友安. 多导弹时间协同分布式导引律设计 [J]. 控制与决策, 2014, 29 (5).

[40] 周锐, 孙雪娇, 吴江, 等. 多导弹分布式协同制导与反步滑模控制方法 [J]. 控制与决策, 2014, 29 (9).

[41] 后德龙, 陈彬, 王青, 等. 碰撞自规避多导弹分布式协同制导与控制 [J]. 控制理论与应用, 2014, 31 (9).

[42] 王永洁, 陆铭华, 毛俊超, 等. 反舰导弹末制导方式作战决策研究 [J]. 飞航导弹, 2016 (5).

[43] 贾金艳, 陈海峰, 陈亚卿, 等. 新型弹载制导信息处理系统一体化设计 [J]. 飞航导弹, 2015 (8).

[44] 李瑞康, 张学进, 魏喜庆, 等. 多目标拦截任务分配建模与分析 [J]. 上海航天, 2016 (2).

[45] 肖增博, 雷虎民, 滕江川, 等. 多导弹协同制导规律研究现状及展望 [J]. 航空兵器, 2011 (6).

多导弹攻击时间和攻击角度协同制导研究综述

马培蓓　王星亮　纪　军

　　本文重点论述了基于最优控制理论、比例导引、滑模控制理论和模型预测静态规划控制理论的攻击角度控制导引律方法，并进行具体比较分析。进一步研究了有限约束条件下攻击时间导引律问题，重点论述了带攻击角度约束、导引头视场约束、飞控系统不确定动态特性以及基于协同控制的分布式攻击时间协同导引律问题，并分析了每种导引律的优缺点。

引 言

随着作战环境日益复杂、作战任务日益多样,重要军事目标配备的多层防御体系正日臻完善。现代信息化战争越来越强调体系对抗和多系统协同作战,依靠单枚导弹自身性能实现突防的难度日益加大,而运用先进信息技术,将担负不同任务的智能化导弹组成一体化集群的协同攻击则是一种更符合现代信息化战争思想的作战方法。但如何通过有效的协同制导策略支持多导弹协同攻击多目标,并且满足在攻击时间和攻击角度约束条件下以最大的成功概率、最低的风险命中目标,以最小的代价、最少的伤亡换取最大的作战效能,是一个极具理论价值和实战意义的问题,也是导弹制导技术研究的热点。

要实现多导弹协同攻击,就要求参与攻击任务的多枚导弹能从不同方向同时到达目标,这就要求导弹制导系统具有控制导弹攻击时间和攻击角度的能力。传统导引方式的研究可分为两类[1-2]:一类是攻击时间控制导引,即事先为每枚导弹指定一个共同的到达时间,每枚导弹各自独立地按照指定的到达时间导引到同一目标;另一类是时间协同导引,即参与协同的每枚导弹通过通信和协调,达到时间同步,这种方法不需要事先为每枚导弹指定一个共同的到达时间,但需要有弹载实时数据链的支持,这显然不能满足导弹攻击角度和攻击时间的需求。因此,有必要研究以协同攻击为应用背景的多导弹攻击时间与攻击角度协同制导方法。

1 攻击角度控制导引律研究

为提高导弹的协同攻击能力,在导引律中需要考虑角度控制的要求。例如反舰导弹需要进行侧向攻击,以便获得最大程度的对敌毁伤。自 Lee 等人[3]在 20 世纪 70 年代提出攻击角度控制问题,经过 40 来年的不断发展,取得了丰硕的成果。按照所运用的理论,攻击角度控制导引律(IACGL)主要可以分成以下几类。

1.1 基于最优控制理论的 IACGL

基于最优控制理论的 IACGL 是指以控制总能量的加权函数为性能指标，以导引方程和导引终端条件为最基本的约束条件，将带攻击角度约束的导引问题转化为最优控制问题，并通过求解最优问题的解得到导引律。Lee Y I 等[2]假定弹体具有一阶动态特性，求解导引系统的解析解，重点分析了当导弹接近目标时导引系统的特性。Lee C H[3]先假定待设计的 IACGL 为剩余时间的多项式，然后代入线性化的导引方程，求解出满足导引终端条件（即零脱靶量、零攻击角度误差以及零需用过载）的多项式系数，从而设计出所谓的剩余时间多项式导引律。由分析可知，关于最优攻击角度控制导引的研究主要集中于在满足基本导引性能指标的同时，通过选择合适的加权函数或选择合理的导引律参数，来调制导弹的弹道，以达到附加的导引性能。

1.2 基于比例导引的 IACGL

基于比例导引的 IACGL 是指在传统比例导引律的基础上，通过附加一个合理的偏置项来调整导弹的攻击角度，以使导弹按指定角度攻击目标，从而得到的导引律。Erer 等[4]设计了一种基于两阶段控制的偏置比例导引律控制攻击角度。这种偏置项不依赖于距离，而仅是导引初始条件和期望的攻击角度函数。在导引的第一阶段，运用所设计的偏置导引律进行导引，当偏置项的积分值满足一定条件时，导引模式切换到传统的比例导引，进入导引的第二阶段。文献［5］改进了基于两阶段控制的带常值偏置项的偏置导引律，使其可用于攻击非机动的运动目标。文献［6］设计了一种新的偏置项，这种偏置项是攻击角度误差和剩余时间的函数，为实现这种导引律，文献相应地给出了剩余时间的估算方法。

对比这几种偏置比例导引律可知，它们都具有结构简单的特点，主要不同之处在于偏置项所需的信息不同。因此，应根据弹载测量设备所能提供的信息来选择不同的偏置导引律。

1.3　基于滑模控制理论的 IACGL

基于滑模控制理论的 IACGL 是指通过构造能同时满足零脱靶量和攻击角度约束的滑模面，针对导引方程，运用滑模控制理论设计控制律以使导引系统沿所构造的滑模面运动，从而得到导引律。文献［7］依据非奇异终端滑模理论设计滑模面，以使目标视线角速率和攻击角度误差在有限时间内收敛到原点，从而使导引系统具有有限时间收敛的优良特性。但实现该导引律需要以目标机动能力的上界作为输入。当攻击机动的高度运动目标时，关于攻击角度的一个更为合理的定义是，当导弹击中目标时，导弹速度矢量和目标速度矢量之间的夹角。Kumar 等[8]采用这种方法来定义攻击角度，推导为达到指定攻击角度所需的目标视线角，进而设计一种终端滑模面来实现视线角速率和视线角误差的有限时间收敛。文中对所设计的导引律进行了修改，以保证当导弹航向误差较大时，导弹仍能击中目标。这种导引律的实现需要目标的加速度信息作为输入。而目标的加速度信息通常是难以获得的，这就给计算所设计的滑模变量带来困难。为了解决这一问题，文献［9］以文献［8］的思路为基础，引入线性扩张状态观测器来实时估计目标的加速度，并设计了新的非奇异终端滑模面。

通过以上分析可知，基于滑模控制的攻击角度控制导引的研究重点在于，设计合理的滑模面，处理未知的目标加速度，保证导引指令的连续，实现全方位攻击以及如何考虑弹体动态特性等方面。

1.4　基于模型预测静态规划控制理论的 IACGL

模型预测静态规划理论是由 Padhi[10]提出来的一种结合预测控制思想和近似动态规划方法的控制理论，可用于处理有限时间域内带终端约束的非线性控制问题，它的计算效率极高。带攻击角度约束的导引问题，是一类典型的有限时间域内带终端约束的非线性控制问题。因此，可运用模型预测静态规划控制理论解决带攻击角度约束的导引问题，但算法对初始猜测解的依赖性，导致运用它很难设计出可实现全方位攻击的导引律。

对比上述主要类型的 IACGL，各种导引律都或多或少地存在一些缺陷。基于偏置比例导引的攻击角度控制律具有结构简单，易于实现的优势，但是一般仅能用于攻击静止目标或低速运动目标；基于最优控制理论的 IACGL 能在某种程度上实现总控制能量的最优，但其推导是基于线性化模型的，适用范围有限，且一般只能用于攻击静止或低速运动目标；基于滑模控制理论的 IACGL 可用于实现对机动目标按指定角度的高精度打击，但在保证其相应的导引指令连续性方面仍有一些问题需要解决；基于模型预测静态规划理论的 IACGL 能有效处理三维空间的带攻击角度约束的导引问题，且能在一定程度上实现总控制能量的最优，但其理论基础还有待进一步完善，且可达的攻击角度范围有限。

2　有限约束条件下攻击时间控制导引律研究

实现多导弹的同时到达，达成对目标的协同攻击的有效方式是协同导引。多导弹协同攻击时间由参与攻击任务的导弹在导引过程中共同"协商"决定，导弹之间需依靠通信网络不断交互彼此的信息。实现这种协同导引方式的导引律通常称为攻击时间协同导引律。下面对几种典型的有限约束条件下攻击时间协同导引律（ITCGL）进行综述。

2.1　带攻击角度约束的 ITCGL

相比于无角度约束的情况，带有终端攻击角度约束的攻击时间控制导引律的设计更为复杂，尤其不易获得闭环导引律。解决带攻击角度约束的攻击时间控制导引问题，目前主要有两种方法。一种方法是"两步法"，即先设计一种 IACGL，然后针对所设计的 IACGL 设计补偿项，以补偿攻击时间误差，通常需要运用小角度假设对非线性的导引方程进行线性化处理，以便于导引律的推导和剩余时间的估计。另一种方法就是"一体化法"，即将带攻击角度约束的攻击时间控制导引问题归纳为两点边值问题，通过求解两点边值问题得到所需的导引律，然而两点边值问题通常不易求解。Lee 等人[11]通过推广文献 [12] 中无角度约束时的导引律设计思路，同样基于小角度线性化的弹目相对运动方程，采用极小值原理推导了一种同时控制角度与时间的二维最优导引律。Harl 等人[14]假设目标位置已知且固定，以射向距离 x 为自变量，采用关于 x 的 4 阶多项式拟合出一条期望的视线角速率曲线，采用二阶滑模控制使实际的视线角速率跟踪期望的视线角速率，从而得到带有角度控制的撞击时间控制导引律。该方法是一种开环控制的方法，且不能保证期望的视线角速率一定能够通过一个事先假定的关于 x 的 4 阶多项式以要求的精度拟合出来。对于导弹速度不受控情况下的带攻击角度约束的攻击时间控制闭环导引的研究中，具有代表性的仅见于文献 [14]，而小角度线性化的假设使得该类结果不适用大前置角/大攻击角度约束情况下攻击时间控制的导引问题。

应该指出的是，现有比较典型的带攻击角度约束的 ITCGL，在设计过程中都用到了小角度假设。然而，为大范围地调整攻击角度和攻击时间，导弹需要作大范围的机动飞行，弹道非常弯曲。这种情况下，小角度假设显然不成立。因此，运用基于小角度假设设计的导引律不再适用。

2.2 考虑导引头视场约束的 ITCGL

在末制导段，导弹需要通过导引头来跟踪目标并测量目标的信息，为末制导导引律的实现提供所必需的信息。导弹在末制导段必须保证导引头对目标的锁定条件得以满足，即目标始终位于导引头视场（FOV）范围内。因此，在设计 ITCGL 时，必须仔细考虑 FOV 的约束。现有处理 FOV 约束的方法主要有三种。第一种方法是"主动法"[6,15]，即先不考虑 FOV 的约束，设计出 ITCGL，然后通过对所设计的导引律进行分析来选择合适的导引律参数，以保证导引过程中导弹对目标的最大视角不超出 FOV 所允许的范围。由于考虑的是最极端的情况，这种方法具有较大的保守性，不能使目标长时间地停留在 FOV 边界的附近。第二种方法是"切换逻辑法"[16-18]，即分别设计用于保证导引头对目标的视角不发生变化的导引律和不考虑 FOV 约束的 ITCGL。第三种方法是"自适应法"，此方法是针对具有偏置比例导引这种特殊结构的导引律而设计的。即将加权前置角的余弦函数作为因子嵌入到用于调整攻击时间（或攻击角度）的偏置项中，利用余弦函数的非线性特性自适应地调整偏置项的幅值，从而达到不违背 FOV 约束的目的。在设计 ITCGL 时，处理目标机动的最有效工具是滑模控制理论。但是，现有基于滑模控制理论的 ITCGL 却没有考虑 FOV 的约束，或是采用"切换逻辑法"来处理 FOV 约束。因此，有必要设计一种可用于攻击机动目标，且可保持导引指令连续同时考虑 FOV 约束的 ITCGL。

2.3 考虑飞控系统不确定动态特性的 ITCGL

导弹飞行控制系统所带来的滞后效应，是导致导引律性能下降的重要原因之一。为了消除飞控系统滞后效应对导引律性能的不利影响，可采用一体化设计的方法，即建立包含描述飞控系统动态的一体化导引模型，在设计导引律时对飞控系统的滞后效应加以补偿。现有的相关结果采用一阶或者二阶模型来描述飞控系统的动态特性，但没有考虑导弹导引的其他约束[19-21]，或仅是考虑了攻击角度的约束。事实上，要将现有 ITCGL 设计方法推广到考虑飞控系统动态特性，尤其是飞控系统不确定动态特性的情形，并不是一件容易的事情。一方面，不同于 IACGL 的设计，很难将包含攻击时间误差动态的导引方程写成典型的严反馈等标准形式。这就导致无法直接使用非线性系统的设计工具来设计导引律。另一方面，当考虑飞控系统动态特性后，导引方程变得更为复杂。要想根据这个复杂的导引方程估算导弹飞行的剩余时间，变得非常困难。当考虑 FOV 的约束时，由于飞控系统滞后效应的存在，采用现有的考虑 FOV 约束的导引律进行导引，导引头很可能会丢失目标。导引头丢失目标，是一种不可挽回的灾难性后果。对于飞控系统时间常数较大的导弹来说，设计考虑 FOV 约束的 ITCGL 时，必须考虑飞控系统的动态特性。

2.4　基于协同控制的分布式 ITCGL

多导弹协同控制并不是各枚导弹控制功能的简单叠加，整个系统的能力是通过导弹之间的紧密协作完成的，各枚导弹通过一体化无缝通信网络实现信息共享，并通过一定的协同控制策略，综合分析、处理、分发各种战场信息数据，根据系统的共同利益承担共同的目标，从而在整个协同系统内实现共同的导航与控制。

前面提到的 ITCGL 可用于实现基于独立导引的多导弹同时到达，但需要为所有导弹装订一个共同的指定攻击时间。指定的攻击时间一旦装订好，在导弹飞行的过程中一般就不能再更改。然而，导弹在飞行的过程中不可避免地要受到外界的干扰。这就可能导致一枚或多枚导弹无法按指定的共同攻击时间到达目标，达不到饱和攻击的预期效果。因此，基于独立导引的多导弹同时到达，从根本上来说属于开环控制，对外界扰动的鲁棒性较差。作为实现多导弹同时到达的另一种方式攻击时间协同导引，则可以在导引过程中根据各枚导弹的实际飞行情况，实时"协商"和调整共同的攻击时间。因而，攻击时间协同导引属于闭环控制。

虽然攻击时间协同导引对外界扰动具有鲁棒性，但它的实现需要一个可靠的通信网络来支撑，以保证导弹之间能实时进行必要的信息交互。现有的攻击时间协同导引律对通信网络连通性的需求都较为苛刻。实际上，战场环境中充满了电磁干扰，并存在各种各样的反导防御系统。在这样一个敌对的环境中飞行，导弹相互之间的通信受到严重的限制，其通信只能是局部的和间断的，这就意味着通信网络拓扑是时变的，且是不能事先指定或者预测的。因此，要使所设计的攻击时间协同导引律在实际战场环境中可用，放宽对通信网络连通性的需求极为重要。

近年来，关于多智能体和卫星编队飞行的网络协同控制理论发展较为迅速，取得了很多成果[22-24]。但导弹作为一类特殊的飞行器，有着其自身的特点，具体体现在两个方面。一是导弹在某种意义上属于一种欠驱动系统，即导弹的轴向速度不可控，而无人机之类轴向速度可控的飞行器，则可直接通过控制轴向速度来调整其到达时间；二是攻击时间受到约束，从根本上来说，这也是因轴向速度不可控而导致的，即导弹的攻击时间不能任意调整，而是存在一个上限和下限。因此，不能直接套用现有的协同控制理论来设计多导弹的攻击时间协同导引律。

文献［25］运用文献［26］所提出的基于矩阵理论的协同控制方法，以剩余时间为协同变量，设计了局部通信条件下的攻击时间协同导引律。但是并未对弹群攻击时间偏差的收敛特性进行分析，也没有给出保证攻击时间达成一致通信网络连通性所需满足的条件。

3 结束语

为了突破敌目标的层层防御体系，实现对目标的可靠打击，多导弹协同攻击仍然是当前最为有效的战术。

本文主要对多导弹的同时到达协同制导问题进行系统深入的研究综述，主要包括考虑导引头视场约束的攻击时间/攻击角度控制问题、带任意攻击角度约束的偏置比例导引律，并以此为基础，设计攻击时间控制导引律问题、充分考虑飞控系统不确定动态特性和导引头视场约束的攻击时间控制导引律问题，以及带攻击角度约束的分布式攻击时间协同导引律问题，为先进航空制导武器发展新型导弹制导系统提供重要的协同制导理论方面的支持。

参考文献

[1] Ryoo C K, Cho H, Tahk M J. Optimal guidance laws with terminal impact angle constrain [J]. Journal of Guidance, Control, and Navigation, 2005, 28 (4).

[2] Lee Y I, Kim S H, Lee J I, et al. Analytic solutions of generalized impact-angle-control guidance law for first-order lag system [J]. Journal of Guidance, Control, and Navigation, 2013, 36 (1).

[3] Lee C H, Kim T H, Tahk M J, et al. Polynomial guidance laws considering termi-

nal impact angle and acceleration constraints [J]. IEEE Transactions on Aerospace and Electronic Systems, 2013, 49 (1).

[4] Erer K S, Merttopcuoǧlu O. Indirect impact-angle-control against stationary targets using biased pure proportional navigation [J]. Journal of Guidance, Control, and Navigation, 2012, 35 (2).

[5] Erer K S, Özgören M K. Control of impact angle using biased proportional navigation [J]. AIAA Guidance, Navigation, and Control (GNC) Conference, 2013.

[6] Lee C H, Kim T H, Tahk M J. Interception angle control guidance using proportional navigation with error feedback [J]. Journal of Guidance, Control, and Navigation, 2013, 36 (5).

[7] Zhang Y, Sun M, Chen Z. Finite-time convergent guidance law with impact angle constraint based on sliding-mode control [J]. Nonlinear Dynamics, 2012, 20 (1).

[8] Kumar S R, Rao S, Ghose D. Sliding-mode guidance and control for all-aspect interceptors with terminal angle constraints [J]. Journal of Guidance, Control, and Navigation, 2012, 35 (4).

[9] Xiong S, Wang W, Liu X, et al. Guidance law against maneuvering targets with intercept angle constraint [J]. ISA Transactions, 2014, 53 (4).

[10] Padhi R, Kothari M. Model predictive static programming: a computationally efficient technique for suboptimal control design [J]. International Journal of Innovative Computing Information and Control, 2009, 5 (2).

[11] Lee Roux J D, Padhi R, Craig I K. Optimal control of grinding mill circuit using model predictive static programming: A new nonlinear MPC paradigm [J]. Journal of Process Control, 2014, 24 (12).

[12] Kang S, Kim H J. Differential game missile guidance with impact angle and time constraints [C]. Preprints of the 18th IFAC World Congress, 2011.

[13] Jeon I S, Lee J I, Tahk M J. Impact-time-control guidance law for anti-ship missiles [J]. IEEE Transactions on Control Systems Technology, 2006, 14 (2).

[14] Harl N, Balakrishnan S N. Impact time and angle guidance with sliding mode control [J]. IEEE Transactions on Control Systems Technology, 2012, 20 (6).

[15] Tekin R, Erer K S. Switched-gain guidance for impact angle control under physical constraints [J]. Journal of Guidance, Control, and Dynamics, 2015, 38 (2).

[16] Sang D, Ryoo C K, Song K R, et al. A guidance law with a switching logic for maintaining seeker's lock-on for stationary targets [J]. AIAA Guidance, Navigation and Control Conference and Exhibit, 2008.

[17] Tahk M J, Sang D K. Guidance law switching logic considering the seeker's field-of-view limits [J]. Proceedings of the Institution of Mechanical Engineers, Part G: Journal of Aerospace Engineering, 2009, 223 (8).

[18] He S, Lin D. A robust impact angle constraint guidance law with seeker's field-of-view limit [J]. Transactions of the Institute of Measurement and Control, 2015, 37 (3).

[19] Chwa D, Choi J Y. Adaptive nonlinear guidance law considering control loop dynamics [J]. IEEE Transactions on Aerospace and Electronic Systems, 2003, 39 (4).

[20] Qu P, Zhou D. A dimension reduction observer-based guidance law accounting for dynamics of missile autopilot [J]. Proceedings of the Institution of Mechanical Engineers, Part G: Journal of Aerospace Engineering, 2013, 227 (7).

[21] Sun S, Zhou D, Hou W. A guidance law with finite time convergence accounting for autopilot lag [J]. Aerospace Science and Technology, 2013, 25 (1).

[22] Qu Z, Wang J. Cooperative control of dynamical systems with application to autonomous vehicles [J]. IEEE Trans on Automatic Control, 2008, 53 (4).

[23] Li C, Qu Z. Distributed finite-time consensus of nonlinear systems under switching topologies [J]. Automatica, 2014, 50 (6).

[24] Di Y, Qinghe W, Yinqiu W. Consensus analysis of high-order multi-agent network in fixed and dynamical switching topology [J]. Acta Armamentarii, 2012, 33 (1).

[25] 马国欣, 张友安. 多导弹时间协同分布式导引律设计 [J]. 控制与决策, 2014, 29 (5).

[26] Qu Z. Cooperative control of dynamical systems [M]. Springer, 2009.

[27] 王健, 崔文昊, 史震, 等. 攻击角度约束下打击机动目标的制导律 [J]. 导航定位与授时, 2016, 3 (5).

导弹制导控制一体化设计方法综述

杨 柱 许 哲 王雪梅 张 钧 王兴龙

　　本文阐述了建立制导控制一体化模型的步骤。按照设计方法的不同，综述了制导控制一体化的研究现状，对滑模控制方法、反演法、反演滑模控制方法、动态面控制方法、反馈线性化法、最优控制方法等典型方法进行了详细介绍和对比。分析了需要解决的问题，并展望了未来发展方向。

引 言

在传统的导弹制导控制系统设计中,制导系统和控制系统相互独立。制导系统作为外部环节以导弹和目标的相对运动为基础,实时产生过载指令;控制系统作为内部环节以制导系统的过载指令为输入,通过调节导弹的舵机和冷喷系统使导弹稳定地飞行至目标,最终摧毁目标。

这种独立设计基于频谱分离理论,没有考虑制导系统和控制系统之间的耦合关系,在导弹末段飞行中弊端就会非常明显。首先,制导系统仅仅考虑导弹和目标的相对运动关系,忽略了导弹自身的姿态运动,这就导致末段的过载指令可能会超出控制系统的性能限制。同样地,控制系统不考虑导弹和目标的相对运动,系统之间的时延会影响导弹末段的机动性能。在末段飞行中,导弹的制导系统和控制系统之间的耦合关系非常突出,此时很难满足频谱分离条件,因而会造成很大的脱靶量。

制导控制一体化(Integrated Guidance and Control,IGC)设计方法将制导系统和控制系统视为一个整体,根据弹目相对位置信息和导弹自身的运动状态信息,直接产生导弹的控制指令[1]。因此,制导控制一体化可以充分利用制导系统和控制系统之间的耦合关系,省略了过载指令向控制指令的转换,这样更利于制导和控制之间的协调,充分发挥导弹各部分的性能,有效提升导弹的制导品质和可靠性,从而减小脱靶量。

当前,制导控制一体化作为导弹末制导的一个重要研究方向,拥有非常广泛的应用前景和极其重要的军事意义。本文对制导控制一体化的研究成果按照设计方法进行分类归纳,并提出需要解决的问题,展望未来发展趋势。

1 制导控制一体化系统建模

根据设计方法的不同,导弹制导控制一体化系统建模方法也有所不同，就目前的研究来说，大致思路分为以下两个步骤：

（1）基于选取的平面或者三维空间，分析导弹和目标的相对运动关系。以纵向平面内的拦截问题为例，将导弹和目标均视为质点，拦截几何关系如图1所示。

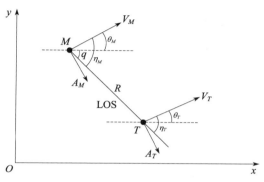

图1　导弹-目标相对运动关系

图中 LOS 为视线，q 为视线角，R 为弹目距离，V 和 A 分别为速度和加速度，θ 和 η 分别为纵向平面内的航迹角和视线倾角，下标 T 和 M 分别表示目标参数和导弹参数。根据图1中的弹目拦截几何关系，可以得出弹目相对运动模型如下：

$$\dot{R} = V_T\cos\eta_T - V_M\cos\eta_M \tag{1}$$

$$R\dot{q} = V_M\sin\eta_M - V_T\sin\eta_T \tag{2}$$

$$\dot{\theta}_M = A_M/V_M,\ \dot{\theta}_T = A_T/V_T \tag{3}$$

（2）对导弹进行受力分析，列写导弹的动力学方程组，与弹目相对运动模型结合，建立制导控制一体化模型。以俯仰通道为例，模型建立如下所示：

$$\ddot{q} = -\frac{\dot{R}}{R}\dot{q} - \frac{57.3QSc_y^\alpha}{m}\alpha + g\cos\theta_M + \Delta_1 \tag{4}$$

$$\dot{\alpha} = -\frac{57.3QSc_y^\alpha}{mV_M}\alpha - \frac{g\cos\theta_M}{V_M} + \omega_z + \Delta_2 \tag{5}$$

$$\dot{\omega}_z = \frac{57.3QSLm_z^\alpha}{J_z}\alpha + \frac{QSL^2 m_z^{\omega_z}}{J_z V_M}\omega_z +$$

$$\frac{57.3QSLm_z^{\delta_z}}{J_z}\delta_z + \Delta_3 \tag{6}$$

式中，m 为导弹质量，δ_z 为舵偏角，J_z 为导弹对 z 轴的转动惯量，Q 为动压，S 为特征面积，L 为参考长度，m_z^{α}、$m_z^{\omega_z}$、$m_z^{\delta_z}$ 分别为 α、ω_z、δ_z 对应的俯仰力矩系数，Δ_1、Δ_2、Δ_3 为系统的不确定量。

2 制导控制一体化研究现状

制导控制一体化的概念最初由学者 Williams 等[2]在 1983 年提出，Lin 等[3]紧随其后，这一概念逐渐引起了国内外许多学者的关注，其设计方法得到了广泛的研究。目前，制导控制一体化设计方法主要有滑模控制方法、反演法、反演滑模控制方法、动态面控制方法、反馈线性化法、最优控制方法等。另外，结合小增益理论、预测控制、自适应控制、轨迹线性化控制、自抗扰控制、加幂积分方法等进行进一步改善。

2.1 滑模控制方法

滑模变结构控制系统对参数和外界扰动不敏感、鲁棒性强，并且响应速度快、算法简单、易于工程实现，因此被广泛应用于制导控制一体化的设计中。Shkolnikov 等[4,5]基于滑模控制方法对制导控制一体化设计问题进行了研究。文章先设计外层的制导回路，计算出过载指令的期望值后将其转化为内回路角速率的期望值，再针对内层的控制回路设计跟踪控制器。这种设计方法和传统设计方法没有本质区别。Chwa 等[6]把飞行器的控制回路看作带有动态不确定性的二阶环节，基于滑模控制方法设计了一种非线性制导律，这种设计方法依然没有彻底摆脱传统设计的束缚。

Shima 等[7]选取零控脱靶量作为滑模面，应用滑模控制方法对制导控制一体化系统进行了设计，实现了真正意义上的制导控制一体化，仿真验证该方法可以得到较高的制导精度，但其对导弹初始对准要求较高，且抖振的问题难以解决。随后 Idan 等[8]尝试采用双滑模变结构理论，把零控脱靶量选作第 1 个模态，使得脱靶量趋于零；把控制参数选作第 2 个模态，提供阻尼响应，实现导弹动态性能的提高。但这种设计过程复杂，参数较多，第 2 模态的选择实现困难。赵国荣等[9]在双滑模变结构的基础上，在控制器中引入指数趋近率方法和模糊环节，利用双滑模变结构控制方法，较好地克服了抖振问题，但滑动模态的设计仍需进一步优化。

二阶滑模方法相对于高阶滑模方法来说比较简便，但对状态信息的处理没有高阶滑模那样准确。因此，一些学者开始使用高阶滑模方法对制导控制一体化进行设计。Han 等[10]采用高阶滑模方法设计系统，此时相当于解决三阶积分链系统的镇定问题，系统的高阶数会增大高阶滑模面的计算量，不利于导弹实时跟踪目标。董飞垚等[11]基于零化视线角速率准则，采用高阶滑模方法设计制导控制一体化系统，并利用超扭曲算法补偿系统的不确定性，最终获得了较小的脱靶量和较好的运动姿态。但是该算法计算过程复杂，不利于工程应用。

2.2 反演法

反演法将复杂的非线性系统分解成低阶的子系统，对每个子系统设计虚拟控制量，最终集成设计出整个控制律，实现系统的全局调节和跟踪。反演法使控制器的设计更加结构化，在制导控制一体化的设计中也得到了应用。反演法处理非匹配不确定问题比较直观[12]。Hwang 等[13]通过采用反演法设计了制导与控制一体化算法，但缺乏对"微分爆炸"问题的考虑，也没有对机动目标进行分析，降低了系统的可设计性。舒燕军等[14]引入非线性扰动观测器实时观测和补偿系统的不确定性，制导精度较高，但观测器的建立和系统模型紧密相关，普适性较差。惠耀洛等[15]引入等效舵偏角的概念，将推力矢量和气动力归一化处理，较好地改善了多控制输入问题，仿真结果表明导弹能够成功拦截目标且各项指标比较平稳。导弹通道耦合一定程度上会影响制导品质，孙向宇等[16]将通道耦合考虑到制导控制一体化模型的建立中，并使用非光滑扩张状态观测器（NESO）对模型不确定性进行观测补偿，最终算法实现了落角约束和有限时间收敛。为了加强系统的抗干扰能力，马立群等[17]把积分控制引入反演控制，针对目标机动信息设计估计器，最终算法有效地克服了目标机动的干扰，且鲁棒性较好。

2.3 反演滑模控制方法

反演控制方法对非匹配不确定性具有较好的处理能力，所设计的系统灵活性和稳定性都很高，在制导控制一体化的设计中，不少学者在滑模控制的基础上结合反演控制，取得了较好的效果。Manu 等[18]结合滑模控制和反演控制，同时加入神经网络，对系统不确定性在线跟踪和补偿，但该算法需要调整的参数较多，设计起来比较复杂。侯明哲等[19]在滑模控制和反演控制的基础上，融入动态面设计思想，实现了较好的控制，但该设计对执行机构动态性能要求较高。以上设计都是基于静止或者低速目标，张金鹏等[20]针对高速机动目标，从不确定项中提取目标机动干扰，结合滑模控制与反演控制对系统进行设计，该算法能较好地拦截高速机动目标。但是除目标机动干扰外，导弹自身气动未建模的不确定性也会影响制导精度。齐辉等[21]利用微分几何理论建立模型，基于平行接近原理对系统进行了设计，经仿真验证，该算法可以较好地克服目标机动干扰以及未建模的不确定性，且鲁棒性较强。一些学者为了追求更高的制导精度，尝试在制导控制一体化系统中加入高阶滑模观测器。Hwang[13]等为了解决目标信息难以获取的问题，在系统中加入高阶滑模观测器，但其系统模型简化比较严重，并没有很好地补偿未建模动态。Alexander[22]等针对制导控制一体化建模比较充分，加入高阶滑模观测器后，较好地估计和处理了目标动态，但是计算量较大，系统实时性会受到影响。

高阶滑模观测器的引入有效提高了导弹制导精度，但系统仍存在"计算膨胀"问题。为此，王昭磊等[23]引入指令滤波器，针对系统不确定函数设计自适应模糊逼近器，避免了反演控制巨大的计算量，自适应调整下系统的鲁棒性得到了保证。张尧等[24]首先利用扩张观测器实时观测和补偿导弹的动态耦合和不确定性，再进一步设计自适应控制律避免"计算膨胀"问题，很好地实现了导弹通道间的主动解耦。

王建华等[25]以气动舵偏角为控制输入，建立了制导控制一体化低阶模型，省略了基于期望过载求取气动欧拉角的过程，减少了设计参数，使用解析模型取代控制系统的跟踪控制过程，不失为一种很好的设计思路。

2.4 动态面控制方法

反演设计计算复杂度非常高，为了从设计层面解决这个问题，Swaroop等[26]引入一阶积分滤波器，提出了动态面控制方法，不再对虚拟指令直接微分，有效简化了控制器和参数设计。侯明哲等[27]在动态面控制的基础上，考虑了飞行器各通道的耦合因素，并且利用自适应方法有效估计补偿了不确定上界，但缺乏对落角约束的考虑。赵曦等[28]建立了制导控制一体化的全量耦合模型，同时将落角约束的条件嵌入模型中，实现了飞行器对固定目标的精确落角打击。针对系统非匹配不确定性问题，宋海涛等[29]通过引入自适应方法消除其对系统性能的影响，但仅仅局限于建模误差的影响。舒燕军等[30]在系统中加入非线性干扰观测器（NDO）实时估计和补偿模型不确定性，一定程度上提高了子系统的跟踪精度。卢晓东等[31]引入变增益扩张状态观测器（TVGESO），有效补偿未知上界干扰，并进一步对目标机动和系统扰动等进行在线逼近补偿，最终算法跟踪精度高，且鲁棒性强。

2.5 反馈线性化法

反馈线性化通过状态反馈，可以将非线性系统线性化，是非线性控制系统一个重要研究方向。一些学者将反馈线性化法运用到制导控制一体化的设计中，取得了一定的成果。Menon等[32]假设模型精确已知，在此前提下对反馈线性化的制导控制一体化进行了研究，结果表明该算法制导精度较高，但没有考虑模型的不确定性。Hughes等[33]基于初始目标将非线性系统线性化，实现了传统反馈线性化方法的简化，但在线性化的过程中对系统状态有不可预知的影响。随后 Menon 等[34]、Vaddi 等[35]基于线性二次型轨迹优化对系统进行设计，根据剩余飞行时间和距离在线解算两点边界值问题,仿真结果均表明算法精度较高,但过程中对于 Riccati 方程的求解严重影响了系统的实时性。尹永鑫等[36]应用微分几何方法对制导控制一体化模型进行反馈线性化,然后基于特征结构配置方法对系统结构进行设计,最终系统同时满足制导精度和落角约束的要求。为了实现更好的跟踪性能,尹永鑫等[37]将动态逆方法与扩张状态观测器结合,有效处理了系统不确定性,实现了更高的制导控制精度。刘晓东等[38]基于鲁棒动态逆设计方法,引入控制补偿项,所设计的系统具有更强的鲁棒性。

2.6 最优控制方法

最优控制针对受控的动力学系统,基于多项性能指标,选取使系统从初始状态到指定目标状态的最佳方案。最优控制可以满足系统设计要求的同时优化性能指标,部分学者开始使用该方法对制导控制一体化进行设计。Lin 等[39]集成制导系统和控制系统,最先使用最优控制方法对导弹的制导控制一体化进行了研究。在设计的过程中,需要求解 Hamilton-Jacobi-Bellman 方程,目前求解方法主要有两种:Riccati 方程[36,40,41]和 θ-D[42,43]方法。Palumbo 等[40]集成制导和控制系统的组件,将拦截器性能优化问题转化为单一的优化问题,集成控制器有效减小了脱靶量。然后,他们继续对拦截器各通道进行解耦,进一步优化了拦截器的性能[41]。针对 Riccati 方程的求解问题,Vaddi 等[35]研究出了一个功能强大的数值方法,根据参数推导系统的状态,算法可以解决高阶系统的计算问题。Xin 等[42]率先使用一种称为 θ-D 方法的次优控制方法,得到了该非线性问题的近似封闭解,为这一问题提供了新思路。随后他们提出了一种特定的非线性 Hinfin 控制方法[43],一定程度上减少了在线计算量。

2.7 其他设计方法

除了上述典型的设计方法之外,还有一些其他设计方法也在制导控制一体化中得到了研究。Yan 等[44]基于小增益理论,将攻角和俯仰角速度的微分选作状态变量，导弹拦截效果良好，但角度变化过于剧烈。水尊师等[45]基于预测控制，考虑设计中的时间尺度差异，通过预测系统的状态变量对实际物理过程有更好的体现。Song 等[46]基于 L1 自适应控制，根据系统状态不断对模型进行辨识，提高了系统的可靠性。黄长强等[47]基于轨迹线性化控制，针对系统设计了非线性控制律，实现了系统参数很高的跟踪精度。赵坤等[48]基于自抗扰控制技术，对制导控制一体化系统控制器进行了分层设计，系统的整体性能得到了有效提升，且算法简单，利于工程应用。王松艳等[49]基于加幂积分方法，结合嵌套抗饱和方法对非线性控制律进行了设计，实现了全局协调抗饱和。

3 制导控制一体化存在的问题及未来发展方向

制导控制一体化作为一种比较新颖的尝试，在展现出无限可能的同时也存在一些问题。下面提出几个主要的问题，并对相应的改进方向进行论述。

（1）制导控制一体化系统阶数较高，当前的研究主要围绕二维平面内的模型开展。基于三维平面建立的模型对制导控制一体化系统进行设计比较困难，但这同时也是工程应用的基础，因此这方面的研究至关重要，应给予重点关注。

（2）导弹各通道间耦合关系非常复杂，虽然有部分学者在设计中将其视为考虑因素，但基本都属于尝试阶段。如何充分地将导弹各通道间的耦合关系运用到制导控制一体化的设计中，也需要得到进一步的研究。

（3）系统的建模导致未建模部分存在不确定性，这些不确定性因素会直接影响导弹的精度。充分考虑系统不确定性，实现对不确定性的实时估计和补偿可以很大程度上提高导弹的命中率，目前这方面的研究仍处于起步阶段。

（4）为了最大程度地发挥导弹的作战性能，对导弹的攻击时间、攻击角度、攻击速度等进行约束很有必要，并且如何应对机动目标给系统带来的影响也很符合未来战场的期待。因此,多约束条件下制导控制一体化的设计有很大的前景。

(5) 对于制导控制一体化设计方法有效性的验证,基本都是依赖数字仿真来实现,苗昊春等[50]率先基于 dSPACE 建立了半实物仿真系统对算法进行了验证。数字仿真和半实物仿真的条件均比较理想,可考虑采用无人机等进行求证。

(6) 未来战争都是处于网络环境下,网络自身带宽的限制会增大传输时延和丢包的可能性,这势必会降低导弹的制导精度,影响其作战性能的发挥[51,52]。王青等[53]突破性地将网络丢包视为考虑因素,而如何进一步提高系统的鲁棒性需要更加充分的研究。

4　结束语

相较于传统的制导系统和控制系统分开设计,制导控制一体化设计的出现给导弹综合性能的提升提供了可能。近年来,许多学者对这一方向展开了不同设计方法的研究,让制导控制一体化这个概念越来越清晰,越来越接近于工程实际。虽然这项技术受限于本身的难度和保密程度,还处于不成熟阶段,但是其广阔的前景仍然值得我们期待。目前,越来越多相关领域的科研人员开始围绕这一技术进行探索,相信在大家的不懈努力下,制导控制一体化会实现其潜在的重大军事价值。

参考文献

[1] Wang X H, Wang J Z. Partial integrated missile-guidance and control with finite time convergence [J]. Journal of Guidance, Control, and Dynamics, 2013, 36 (5).

[2] Williams D E, Richman J, Friedland B. Design of an integrated strapdown guidance and control system for a tactical missile [C]. Proceedings of AIAA Guidance and Control Conference, Gatlinburg, USA, 1983.

[3] Lin C F, Yueh S R. Optimal missile guidance and control system design principle

[C]. The 1st SCS Conference on Simulation, San Diego, 1984.

[4] Shkolnikov I, Shtessel Y, Lianos D. Integrated guidance-control system of a homing interceptor: sliding mode approach [R]. AIAA-2001-4218.

[5] Shtessel Y, Shkolnikov I. Integrated guidance and control of advanced interceptors using second order sliding modes [C]. Proceeding of the 42nd IEEE Conference on Decision and Control, 2003.

[6] Chwa D, Choi J Y. Adaptive nonlinear guidance law considering control loop dynamics [J]. IEEE Trans on Aerospace and Electronic Systems, 2003, 39 (4).

[7] Shima T, Idan M, Golan O M. Sliding mode control for integrated missile autopilot guidance [J]. Journal of Guidance, Control, and Dynamics, 2006, 29 (2).

[8] Idan M, Shima T. Integrated sliding mode guidance and control for a missile with on-off actuators [J]. AIAA Journal of Guidance, Control and Dynamics, 2007, 30 (4).

[9] 赵国荣, 韩旭, 胡正高, 等. 基于模糊滑模方法的双舵控制导弹制导控制一体化 [J]. 控制与决策, 2016, 31 (2).

[10] Han Y, Ji H B. Integrated guidance and control for dual-control missiles based on small-gain theorem [J]. Automatical, 2012, 48 (10).

[11] 董飞垚, 雷虎民, 周池军, 等. 导弹鲁棒高阶滑模制导控制一体化方法研究 [J]. 航空学报, 2013, 34 (9).

[12] Kim B, Calise A, Sattigeri R. Adaptive integrated guidance and control design for line-of sight based formation flight [J]. Journal of Guidance, Control, and Dynamics, 2007, 30 (5).

[13] Hwang T W, Tank M J. Integrated backstepping design of missile guidance and control with robust disturbance observer [C]. International Joint Conference SICE-ICASE, 2006.

[14] 舒燕军, 唐硕. 轨控式复合控制导弹制导与控制一体化反步设计 [J]. 宇航学报, 2013, 34 (1).

[15] 惠耀洛, 南英, 邹杰. 推力矢量拦截弹制导控制一体化设计 [J]. 弹道学报, 2015, 27 (4).

[16] 孙向宇, 晁涛, 王松艳, 等. 考虑通道耦合因素的制导控制一体化设计方法 [J]. 宇航学报, 2016, 37 (8).

[17] 马立群, 段朝阳, 张公平. 导弹积分反步制导控制一体化设计 [J]. 北京理

工大学学报，2017，37（10）．

[18] Manu S, Nathan D R. Adaptive integrated guidance and control for missile interceptors [C]. Proceedings of AIAA Guidance, Navigation and Control Conference and Exhibit. Providence, Rhode Island, 2004.

[19] Hou M Z, Duan G R. Adaptive dynamic surface control for integrated missile guidance and autopilot [J]. International Journal of Automation and Computing, 2011, 8（1）.

[20] 张金鹏，周池军，雷虎民．基于滑模反演控制方法的纵向制导控制一体化设计[J]．固体火箭技术，2013，36（1）．

[21] 齐辉，张泽，韩鹏鑫，等．基于反演滑模控制的导弹制导控制一体化设计[J]．系统工程与电子技术，2016，38（3）．

[22] Alex ander Z, Moshe I. Effect of estimation on the performance of an integrated missile guidance and control system [J]. IEEE Transaction on Aerospace and Electronic Systems, 2011, 47（4）.

[23] 王昭磊，王青，冉茂鹏，等．基于自适应模糊滑模的复合控制导弹制导控制一体化反演设计[J]．兵工学报，2015，36（1）．

[24] 张尧，郭杰，唐胜景，等．导弹制导与控制一体化三通道解耦设计方法[J]．航空学报，2014，35（12）．

[25] 王建华，刘鲁华，王鹏，等．高超声速飞行器俯冲段制导控制一体化设计方法[J]．兵工学报，2017，38（3）．

[26] Swaroop D, Gerdes J, Yip P, et al. Dynamic surface control of nonlinear systems [C]. Proceedings of the American Control Conference, Albuquerque, USA, 1997.

[27] Hou M Z, Liang X L, Duan G R. Adaptive block dynamic surface control for integrated missile guidance and autopilot [J]. Chinese Journal of Aeronautics, 2013, 26（3）.

[28] 赵暾，王鹏，刘鲁华，等．带落角约束的高超声速飞行器一体化制导控制[J]．控制理论与应用，2015，32（7）．

[29] 宋海涛，张涛，张国良，等．考虑建模误差的拦截弹制导控制一体化设计[J]．兵工学报，2013，34（9）．

[30] 舒燕军，唐硕．基于非奇异终端滑模的复合控制导弹反演设计[J]．飞行力学，2013，31（3）．

[31] 卢晓东，赵辉，赵斌，等．基于干扰补偿的拦截弹制导控制一体化设计

[J]. 控制与决策, 2017, 32 (10).

[32] Menon P K, Ohlmeyer E J. Integrated design of agile missile guidance and autopilot systems [J]. Control Engineering Practice, 2001, 9 (10).

[33] Hughes T L. Autopilot design using Mc Farland integrated missile guidance linear optimal control [C]. Proceedings of AIAA Guidance, Navigation, and Control Conf, Denver, USA, 2000.

[34] Menon P K, Sweriduk G D, Ohlmeyer E J, et al. Integrated guidance and control of moving-mass actuated kinetic warheads [J]. Journal of Guidance, Control, and Dynamics, 2004, 27 (1).

[35] Vaddi S S, Menon P K, Ohlmeyer E J. Numerical state-dependent Riccati equation approach for missile integrated guidance control [J]. Journal of Guidance, Control, and Dynamics, 2009, 32 (2).

[36] 尹永鑫, 杨明, 王子才. 导弹三维制导控制一体化设计 [J]. 电机与控制学报, 2010, 14 (3).

[37] 尹永鑫, 石文, 杨明. 基于动态逆和状态观测的制导控制一体化设计 [J]. 系统工程与电子技术, 2011, 33 (6).

[38] 刘晓东, 黄万伟, 杜立夫. 含攻击角度约束的三维制导控制一体化鲁棒设计方法 [J]. 控制理论与应用, 2016, 33 (11).

[39] Lin C F, Ohlmeyer E, Bibel J E, et al. Optimal design of integrated missile guidance and control [C]. Proceedings of 1998 World Aviation Conference, Reston, VA, USA, 1998.

[40] Palumbo N F, Jackson T D. Integrated missile guidance and control: a state dependent Ricatti differential equation approach [C]. IEEE International Conference on control Applications, Piscataway, NJ, 1999.

[41] Palumbo N F, Reardon B E, Blauwkamp R A. Integrated guidance and control for homing missiles [J]. Johns Hopkins APL Technical Digest, 2004, 25 (2).

[42] Xin M, Balakrishnan S N, Ohlmeyer E J. Integrated guidance and control of missiles with θ-D method [J]. IEEE J of Control Systems Technology, 2006, 14 (6).

[43] Xin M, Balakrishnan S N. Nonlinear Hinfin missile longitudinal autopilot design with θ-D method [J]. IEEE J of Aerospace and Electronic Systems, 2008, 44 (1).

[44] Yan H, Ji H B. Integrated guidance and control for dual-control missiles based on small-gain theorem [J]. Automatica, 2012, 48 (10).

[45] 水尊师，魏东辉，徐骋．基于预测控制的导弹俯仰通道制导控制一体化设计［J］．导航定位与授时，2014，1（1）．

[46] Song H T, Zhang T, Zhang G L. L1 adaptive state feedback controller for three-dimensional integrated guidance and control of interceptor［J］. Journal of Aerospace Engineering, 2014, 228（10）.

[47] 黄长强，蚩军祥，黄汉桥，等．基于轨迹线性化的鲁棒制导控制一体化设计［J］．中南大学学报，2016，47（11）．

[48] 赵坤，曹登庆，黄文虎．基于自抗扰控制的弹头制导与控制一体化设计［J］．宇航学报，2017，38（10）．

[49] 王松艳，孙向宇，杨胜江，等．考虑输入饱和的制导控制一体化设计［J］．航空学报，2017，38（10）．

[50] 苗昊春，马清华，陈韵，等．基于滑模控制的导弹制导控制一体化设计［J］．弹箭与制导学报，2011，31（3）．

[51] Hespanha J P, Naghshtabrizi P, Xu Y G. A survey of recent results in networked control systems［J］. Proceedings of IEEE, 2007, 95（1）.

[52] Dong C Y, Xu L J, Chen Y, et al. Networked flexible spacecraft attitude maneuver based on adaptive fuzzy sliding mode control［J］. Acta Astronautica, 2009（65）.

[53] 王青，祁成东，董朝阳．存在网络丢包的导弹制导控制一体化设计［J］．北京航空航天大学学报，2014，40（6）．

基于视觉的同时定位和构图关键技术综述

吴修振 周绍磊 刘 刚 公维思

  本文总结了基于视觉的同时定位和构图技术（VSLAM）的发展历程、分类以及最新研究成果，从图像预处理、前端图构建、后端图优化三个方面详细阐述了基于关键帧的稀疏 VSLAM 关键技术，展望了 VSLAM 的未来发展方向，提出了复杂动态环境下 VSLAM 与惯性导航两种无源定位方法组成组合导航系统的实现框架，为基于视觉的同时定位和构图技术提供了参考。

1 引言

基于视觉的同时定位和构图（Visual Simultaneous Localization and Mapping，VSLAM）技术近年来发展迅速，随着算法的不断改进和处理器性能的不断提升，VSLAM 的定位和构图精度也在不断提高。与传统的定位方法相比（如 GPS、激光雷达），VSLAM 环境适应能力更强，获得的信息更为丰富，不仅能够在高楼林立的城市街道自主定位，还能适用于室内无人机的自主导航，已经成为无人机领域不可或缺的定位方式，发挥了越来越重要的作用。此外，VSLAM 在导弹等飞行器的导航领域也具有越来越重要的应用价值。

2 VSLAM 的研究进展

视觉导航发展的初期，定位和构图两个过程是分别独立进行的，即构图的前提是相机的位置和姿态已知，定位的前提是地图已经构建。但事实上，这两个过程是相互耦合、不可分割的，因此产生了同时定位和构图（VSLAM）的概念。VSLAM 的含义可描述为：数字相机在未知环境中从一个未知位置和姿态开始移动，记录相机的视频流，对于每一帧图像，通过射影几何的原理实时估计相机相对初始时刻的位置和姿态，同时构建三维地图。

VSLAM 的概念从 1987 年由 Smith 等人[1]首次提出，至今已有 30 多年的发展历程，产生了许多 VSLAM 的方法，按照不同的标准可以把 VSLAM 总结分类，如图 1 所示。

按照深度信息的获取方式不同，VSLAM 可以分为单目 VSLAM、双目 VSLAM 和 RGB-D VSLAM[2-5]。单目 VSLAM 初始化时的深度信息是无法准确获得的，因此 VSLAM 得到的相机位置以及地图点坐标与真实值之间是比例关系；双目 VSLAM 的深度信息通过双目相机两幅图像特征点之间的视差获得；RGB-D VSLAM 的深度信息采集图像的同时可以直接得到。总体来看，在理论复杂程度上，单目 VSLAM 算法最为复杂，用到的理论涵盖了双目 VSLAM 和 RGB-D VSLAM。

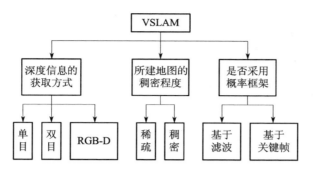

图 1　VSLAM 的分类

按照所建地图的稠密程度，VSLAM 可以分为稠密 VSLAM 和稀疏 VSLAM。稠密 VSLAM 利用整幅图像的所有像素信息参与地图的构建，因此所建的地图是稠密的，利用价值高，但存在的问题是算法耗时比较大，关键帧的位姿不再重优化，定位精度有限；稀疏 VSLAM 只利用图像的特征点进行定位和构图，因此只能得到稀疏的环境地图，但算法耗时相比稠密 VSLAM 少，定位精度更高。

按照 VSLAM 是否采用概率框架，VSLAM 可以分为基于滤波的 VSLAM 和基于关键帧的 VSLAM。基于滤波的 VSLAM 需要设计卡尔曼滤波器来估计相机的位姿和地图点坐标，又称为在线 SLAM，此类方法存在线性化和更新效率低的问题，因此无法应用到大规模环境的地图创建中。基于关键帧的 VSLAM 通过基于光束平差法（Bundle Adjustment，BA）的图优化理论估计相机的位姿和地图点坐标，大大提高了 SLAM 的精度。Strasdat 等[6]已经证明在相同计算代价的条件下基于关键帧的方法比基于滤波的方法精度更高。

在基于关键帧的 VSLAM 发展的初期，由于光束平差法计算量大，许多学者认为很难保证算法的实时性，其中就包括 Davison——单目 VSLAM 的奠基人之一，认为实时的光束平差法在 21 世纪初都无法实现。但是随着 Klein 和 Murray 的 PTAM[7]的提出，实时的光束平差法已经变为现实，PTAM 的核心思想是将跟踪和构图分为两个并行的线程进行处理，从而大大提高了处理的速度和效率。

自 PTAM 方法提出之后，基于关键帧的 VSLAM 方法发展迅速，

Pirker 等[8]提出了 CD-SLAM 算法，是一个包括闭环修正、重定位等比较完善的 SLAM 系统，但没有涉及地图的初始化方法。Song 等[9]提出的视觉里程计算法采用 ORB 特征点并且利用光束平差法（BA）优化定位过程，但没有全局重定位和闭环修正。

目前，基于关键帧的 VSLAM 方法最具代表性的有两种：一种是 LSD-SLAM[10]，属于稠密的 VSLAM；另一种是 ORB-SLAM[11,12]，属于稀疏的 VSLAM。这两种 VSLAM 算法在保证实时性的同时具有较高的精度，融合了近年来 VSLAM 最新研究成果，是目前为止最为先进的 VSLAM 方法。

关于稠密 VSLAM 方法的研究仅 5 年的时间，而稀疏 VSLAM 方法已有近 30 年的研究历史，因此稀疏 VSLAM 比稠密 VSLAM 更加成熟，下面详细阐述基于关键帧的稀疏 VSLAM 的关键技术。

3　稀疏 VSLAM 的关键技术

基于关键帧的稀疏 VSLAM 可以分为三个阶段：图像预处理、前端图构建和后端图优化，如图 2 所示。

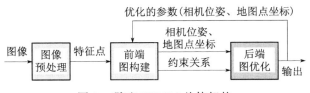

图 2　稀疏 VSLAM 总体架构

图像预处理过程把图像的灰度值信息转换为稀疏特征点信息，用于图像的匹配和跟踪，为后续前端图构建过程提供基础。

前端图构建过程把经过匹配的特征点信息在 VSLAM 相关模型的基础上转换为相机的位置、姿态和地图点坐标信息，得到模型的初始解，模型代表了它们之间的约束关系；后端图优化过程根据约束关系建立非线性最小二乘模型，通过迭代算法优化相机的位姿和地图点坐标，得到模型的最优解，并且反馈给前端图构建过程。

3.1 图像预处理

图像的预处理过程是整个 VSLAM 算法的基础，经过预处理可以将图像信息转换为特征点信息。如图 3 所示，预处理过程包括三个阶段：特征点的检测识别过程，解决的是特征点在哪儿的问题；特征点的描述表达过程，解决的是特征点什么样的问题；特征点的分类匹配过程，解决的是特征点属于哪儿的问题。

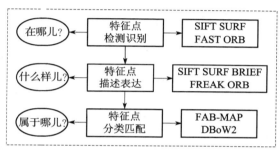

图 3 图像预处理过程

目前，提取和描述图像特征点方法多种多样，最具代表性的是以下几种：

（1）SIFT 特征点检测与描述[13]。SIFT 特征点检测与描述方法（scale invariant feature transform）由 Lowe 提出，通过检测图像尺度空间的极值确定特征点的位置，把特征点周围 16 个梯度方向直方图离散化为 128 维浮点矢量作为描述符。

（2）SURF 特征点检测与描述[14]。SURF 特征点检测与描述方法（speeded up robust feature）由 Bay 提出，通过计算像素的 Hessian 矩阵确定特征点位置，把特征点在横向和纵向的 Harr 小波响应构成的 64 维浮点矢量作为描述符。

（3）FAST 特征点检测[15]。FAST 特征点检测方法（feature from accelerated segment test）由 Rosten 提出，通过比较像素点与圆圈邻域内像素点灰度值的大小判断是否为特征点。此过程简单易于实现，并且具有较高的效率。

（4）BRIEF 特征点描述[16]。BRIEF 特征点描述方法（binary robust independent elementary features）是由 Calonder 提出，在特征点邻域内依据正态分布选择像素点对，通过比较像素点对的灰度值大小产生二进制矢量来描述特征点。此方法描述特征点具有较高的效率和鲁棒性，并且易于实现。

（5）FREAK 特征点描述[17]。FREAK 特征点描述方法（fast retina keypoint）由 Alahi 提出，与 BRIEF 特征点描述方法类似，也是通过二进制矢量表示，区别在于比较用的像素点对的选取方法不同，FREAK 是基于人眼视网膜特性选择像素点对，越接近特征点采样点越密集。

（6）ORB 特征点检测与描述[18]。ORB 特征点检测与描述方法（Oriented FAST and rotated BRIEF）是由 Rublee 提出，是具有方向信息的 FAST 特征点检测方法和旋转的 BRIEF 描述方法的组合，由于结合了两者的优点，因此 ORB 特征点是满足 VSLAM 要求的较为理想的选择。

对于特征点分类匹配的方法，目前比较流行的有两种：基于概率的 FAB-MAP[19] 和二进制词袋技术（DBoW2）[20-23]。由于 FAB-MAP 技术在 VSLAM 长时间处于相似环境中时鲁棒性会下降，因此 DBoW2 技术成为更为理想的选择。DBoW2 技术对特征点二进制描述空间进行分类，建立词汇表，通过查找词汇表得到图像特征点的顺序索引表和逆序索引表，把两个索引表用于图像匹配和闭环检测，大大提高了算法的效率。

3.2 前端图构建

前端图构建过程可以细分为初始化、实时构图、重定位和闭环检测修正四个过程，可以把四个过程抽象为两个方面，一个是 VSLAM 相关模型的建立，另一个是模型的求解[24,25]，如图 4 所示。

如图 4 所示，VSLAM 中涉及的模型主要有单视图几何模型、双视图几何模型、刚体变换模型、相似变换模型以及三维重建模型。单视图几何模型和刚体变换模型主要用于 VSLAM 的重定位过程，双视图几

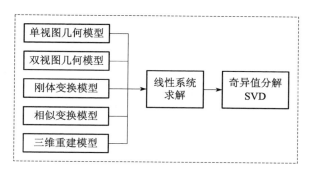

图 4 前端图构建过程

何模型主要用于初始化过程,相似变换模型主要用于闭环检测修正过程,三维重建模型主要用于三维地图点的创建,即构图过程。模型的求解过程分为两步:首先把模型转换为线性方程组,然后通过奇异值分解求解方程组的解,即相机位置、姿态和三维地图点坐标的初始解。

(1)单视图几何模型。单视图几何模型,又叫成像模型,描述的是世界参考坐标系 $O_w - x_w y_w z_w$ 中空间三维地图点齐次坐标 X 与对应的图像坐标系 $O - uv$ 中二维像素点齐次坐标 x 的约束关系,可表示为

$$\lambda x = PX = K[R \ t]X \tag{1}$$

式中,P 为相机矩阵;K 为相机内参矩阵,包括焦距、成像中心点的像素坐标和扭曲因子,有 5 个自由度;R 和 t 分别为相机的旋转和平移矩阵,各有 3 个自由度,因此 P 有 11 个自由度;λ 表示地图点的深度,单视图几何模型如图 5 所示。

具体来讲,单视图几何模型的推导过程涉及三个坐标系转换:世界坐标系 $O_w - x_w y_w z_w$ →相机坐标系 $O_c - x_c y_c z_c$,相机坐标系 $O_c - x_c y_c z_c$ →像平面坐标系 $O_p - x_p y_p$,像平面坐标系 $O_p - x_p y_p$ →图像坐标系 $O - uv$。

(2)双视图几何模型。双视图几何模型,又叫对极几何模型,描述的是空间点 X 在两幅图像①和图像②的像点坐标 x 和 x' 满足的对极几何约束关系,可表示为

$$x'^T F x = 0 \tag{2}$$

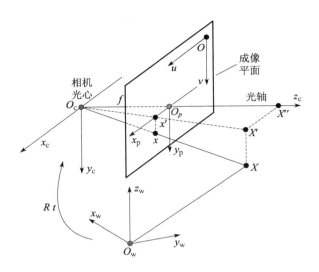

图 5　单视图几何模型

式中，$\boldsymbol{F}$ 称为基本矩阵，$\boldsymbol{F}$ 由两幅图像的相机矩阵 $\boldsymbol{P}$ 和 $\boldsymbol{P}'$ 决定，$\boldsymbol{F}$ 有 7 个自由度，双视图几何模型如图 6 所示。

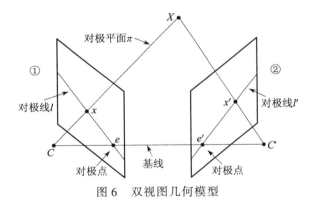

图 6　双视图几何模型

可见，双视图几何模型是两个单视图几何模型之间的约束关系模型。

（3）刚体变换模型。如图 5 所示，刚体变换模型描述的是三维地图点在世界参考坐标系 $O_w - x_w y_w z_w$ 的坐标 $\boldsymbol{X}$ 和相机坐标系 $O_c - x_c y_c z_c$ 中的坐标 $\boldsymbol{Y}$ 满足的约束关系，可表示为

$$\boldsymbol{Y} = \boldsymbol{R}\boldsymbol{X} + \boldsymbol{t} \tag{3}$$

（4）相似变换模型。相似变换模型是在刚体变换模型基础加上尺度缩放因子 s 形成的，表示为

$$Y = sRX + t \qquad (4)$$

（5）三维重建模型。三维重建模型描述的是已知两幅图像的相机矩阵 P 和 P'，两幅图像上的对应特征点像素坐标 x 和 x' 所确定的三维地图点坐标 X 的问题，即由式

$$\begin{cases} \lambda x = PX \\ \lambda' x' = P'X \end{cases} \qquad (5)$$

求解 X。可见，三维重建模型是在两个单视图几何模型基础上的地图点构建模型。

上述五种模型求解依据的方法类似，都是通过一系列的变换把模型转换为线性方程组，然后通过奇异值分解（SVD）求解方程组，从而得到模型的解。前四种模型得到的解是相机的位置和姿态参数，最后一种得到的解是所要构建的三维地图点坐标。

3.3 后端图优化

前端图构建过程得到的解是模型的初始解，下一步要根据初始解和模型确定约束关系构建非线性最小二乘模型，进一步得到图优化模型，然后利用迭代算法求最优解。VSLAM 中最重要的迭代算法是 Levenberg-Marquardt（LM）迭代算法和由其衍生的 Bundle Adjustment（BA），如图 7 所示。

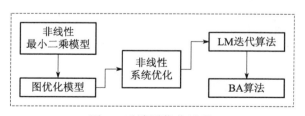

图 7　后端图优化过程

根据 3.2 中模型确定的约束关系，以待估计状态（相机位姿，地图点坐标）为自变量 x，可以把地图点在图像上的投影误差抽象成如

下矢量函数 $f(x): \mathbb{R}^m \to \mathbb{R}^n$，$(n \geq m)$ 和代价标量函数 $F(x): \mathbb{R}^n \to \mathbb{R}$（$m$，$n$ 代表维数）：

$$f(x) = [f_1(x), f_2(x), \cdots, f_n(x)]^T \tag{6}$$

$$F(x) = \frac{1}{2} \|f(x)\|^2 = \frac{1}{2} f(x)^T f(x)$$

$$= \frac{1}{2} \sum_{i=1}^{n} (f_i(x))^2 \tag{7}$$

非线性最小二乘模型可描述为

$$x^+ = \arg\min_x \{F(x)\} \tag{8}$$

即求解最优值 x^+，使得 $F(x)$ 取得极小值，此时 $F(x)$ 为全局极小值，很难求解。在实际应用中，一般在前端图构建过程中得到的 x 初值 x_0 周围半径 r（$r > 0$）的区域内求解局部极小值，即求解 x^* 使得

$$F(x^*) \leq F(x), \|x - x^*\| < r, r > 0 \tag{9}$$

迭代法是目前解决非线性最小二乘法优化问题唯一途径，从初始估计点 x_0 开始产生一系列的矢量集 x_0，x_1，$\cdots$，x_k，$\cdots$，最终收敛到期望的局部极小值 x^*。迭代法的核心就是设计迭代步长 h。LM 迭代算法迭代步长的求解方程为

$$(J^T J + \mu I) h = -J^T f \tag{10}$$

式中，J 为 $f(x)$ 的雅可比矩阵，即 $f(x)$ 的一阶偏导数；μ 为阻尼系数。为加速求解过程，上述方程在求解时利用了分块矩阵的性质简化求解。

4 VSLAM 的发展趋势

4.1 稀疏和稠密 VSLAM 相结合

稠密 VSLAM 处理的信息是整幅图像的像素，而稀疏 VSLAM 只处理图像的特征点信息，因此稠密 VSLAM 信息利用率更高，构建地图的完整性更好。但由于需要处理图像的全部像素，整体处理速度比稀疏 VSLAM 慢，并且稠密 VSLAM 不能实现全局定位信息的优化，因此定

位精度不及稀疏 VSLAM。

把稀疏和稠密 VSLAM 相结合，取长补短，构建精度高、鲁棒性强并且地图信息丰富的 VSLAM 是必然的发展方向，此方面的研究工作已经开始，如 Tardos 等提出的基于 ORB-SLAM 的半稠密地图构建方法[26]。随着研究的逐步深入，稀疏和稠密相结合的 VSLAM 必将越来越成熟，实用性也会越来越高。

4.2 多机器人协作 VSLAM

与单个机器人 VSLAM 相比，多机器人协作 VSLAM 能够使定位系统具有更好的鲁棒性和容错能力，并且能够以更快的速度构建精度更高的环境地图。但多机器人协作 VSLAM 还有许多问题亟待解决，如多机器人之间的任务分配与航路规划、多机器人间的通信、地图融合等。随着研究深入，相信此方面的研究成果会越来越多[27]。

4.3 惯性导航与 VSLAM 相结合

在走向实际应用的过程中，VSLAM 必然要接受复杂动态场景的考验，如快速运动、视角剧烈变化和表面特征迅速变化等，这些高动态的场景极易造成 VSLAM 的跟踪失败，这是制约 VSLAM 发展的非常关键的因素。只依靠视觉理论和方法短时间内是无法突破这一瓶颈的，在这种背景下，惯性导航与视觉导航组合的思路应运而生，并且取得了一系列的研究成果[28]。

目前关于视觉和惯性导航组合的方式仅限于通过滤波的方法实时估计惯性导航的状态，只是用视觉来辅助惯导进行导航，用到的信息仅是局部的图像信息，精度有限，并没有把视觉导航系统看成一个相对独立的导航系统；而 VSLAM 和惯导构成的组合导航系统，涉及的图像信息是全局的，精度较高，并且 VSLAM 和惯导相互融合同时又相对独立，各自发挥自身的优势去弥补对方的不足。VSLAM 和惯导同属于无源定位系统，隐蔽性强，无须接收外界其他的信息，具有很强的自主性，无论是在民用还是在军事领域都有广阔的应用前景。

VSLAM 和惯导组合导航的总体框架如图 8 所示。VSLAM 和惯导组合导航的原理可概括为以下三点：

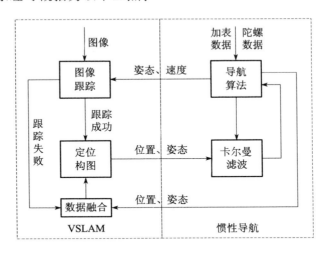

图 8　VSLAM 和惯导组合导航的总体框架

（1）VSLAM 系统输出的位置和姿态信息经过变换后作为观测量在惯导系统中进行卡尔曼滤波，估计惯导系统的误差状态量，用于修正惯导系统的误差。

（2）VSLAM 系统进行图像的跟踪时，利用经过变换的惯导姿态和速度信息进行特征点的运动估计，从而提高特征点匹配的速度和准确度。

（3）当 VSLAM 系统跟踪失败时，利用惯导系统输出的位置和姿态信息作为初始状态进行 VSLAM 系统的重新初始化，经过数据融合后保证在原有地图基础上继续定位和构图，从而提高了 VSLAM 系统的鲁棒性和适应高动态场景的能力。

此外，VSLAM 和惯导之间进行相关数据的传递时，需要两个系统相关坐标系之间的旋转和平移矩阵进行变换，因此必须增加初始对准的环节，即在导航之前需要对 VSLAM 和惯导两个系统进行初始对准，标定好它们之间的相对位置和姿态。

5 结束语

本文对基于视觉的 SLAM 技术作了全面的研究总结,从图像预处理、前端图构建、后端图优化三个方面阐述了稀疏 VSLAM 理论方面的关键技术,并且提出了 VSLAM 与惯性导航的组合框架,为解决复杂动态环境下的机器人导航问题提供了一个新思路。

随着 VSLAM 技术的不断成熟和完善,相信 VSLAM 技术一定能在机器人的导航领域具有更加显著的应用价值和更加广阔的应用空间[29-33]。

参考文献

[1] Smith R, Cheeseman P. On the representation and estimation of spatial uncertainty [J]. The International Journal of Robotics Research, 1987, 5 (4).

[2] 付梦印,吕宪伟,刘彤,等. 基于 RGB-D 数据的实时 SLAM 算法 [J]. 机器人, 2015, 37 (6).

[3] 薛永胜. 变电站巡检机器人 SLAM 算法及其应用研究 [D]. 绵阳:西南科技大学, 2015.

[4] 龙超. 基于 Kinect 和视觉词典的三维 SLAM 算法研究 [D]. 杭州:浙江大学, 2016.

[5] 宋艳. 基于图像特征的 RGB-D 视觉 SLAM 算法 [D]. 青岛:中国海洋大学, 2015.

[6] Strasdat H, Montiel J M M, Davison A J. Visual SLAM:why filter [J]. Image and Vision Computing, 2012, 30 (2).

[7] Klein G, Murray D. Parallel tracking and mapping for small AR workspaces [C]. 2007 IEEE and ACM International Symposium on Mixed and Augmented Reality (ISMAR), 2007.

[8] Pirker K, Ruther M, H Bischof. CD SLAM -continuous localization and mapping in a dynamic world [C]. 2011 IEEE/RSJ International Conference on Intelligent Robots and Systems (IROS), 2011.

[9] Song S, Chandraker M. Parallel, real-time monocular visual odometry [C]. 2013 IEEE International Conference on Robotics and Automation (ICRA), 2013.

[10] Caruso D, Engel J, Cremers D. Large-scale direct SLAM for omnidirectional cameras [C]. IEEE/RSJ International Conference on Intelligent Robots and Systems. Piscataway, USA: IEEE, 2015.

[11] Mur-Artal R, Tardos J D. Fast relocalisation and loop closing in keyframe-based SLAM [C]. 2014 IEEE International Conference on Robotics and Automation (ICRA), 2014.

[12] Mur-Artal R, Montiel J M M, Tardos J D. ORB-SLAM: a Versatile and Accurate Monocular SLAM System [J]. IEEE transactions on Robotics, 2015 (1).

[13] Lowe D G. Distinctive image features from scale-invariant keypoints [J]. International Journal of Computer Vision, 2004, 60 (2).

[14] Bay H, Tuytelaars T, van Gool L. SURF: Speeded up robust features [C]. 9th European Conference on Computer Vision. Berlin, Germany: Springer, 2006.

[15] Rosten E, Drummond T. Machine learning for high-speed corner detection [C]. 9th European Conference on Computer Vision. Berlin, Germany: Springer, 2006.

[16] Calonder M, Lepetit V, Strecha C, et al. Brief: Binary robust independent elementary features [C]. In European Conference on Computer Vision, 2010.

[17] Alahi A, Ortiz R, Vandergheynst P. FREAK: Fast retina keypoint [C]. IEEE Conference on Computer Vision and Pattern Recognition. Piscataway, USA: IEEE, 2012.

[18] Rublee E, Rabaud V, Konolige K, et al. ORB: An efficient alternative to SIFT or SURF [C]. IEEE International Conference on Computer Vision. Piscataway, USA: IEEE, 2011.

[19] Paul R, Newman P. FAB-MAP 3D: Topological mapping with spatial and visual appearance [C]. IEEE International Conference on Robotics and Automation. Piscataway, USA: IEEE, 2010.

[20] Galvez-Lopez D, Tardos J D. Bags of binary words for fast place recognition in image sequences [J]. IEEE Transactions on Robotics, 2012, 28 (5).

[21] Cadena C, Galvez-Lopez D, Tardos J D, et al. Robust place recognition with stereo sequences [J]. IEEE Transactions on Robotics, 2012, 28 (4).

[22] Marquardt D. An algorithm for the least-squares estimation of nonlinear parameters [J]. SIAM J. Appl. Math, 1963, 11 (2).

[23] Kuemmerle R, Grisetti G, Strasdat H, et al. A general framework for graph opti-

mization [C]. Robotics and Automation (ICRA), 2011 IEEE International Conference on. IEEE, 2011.

[24] Lourakis M A, Argyros A. SBA: a software package for generic sparse bundle adjustment [J]. ACM Trans. Math. Software, 2009, 36 (1): 1-30.

[25] Olson E, Leonard J, Teller S. Fast iterative optimization of pose graphs with poor initial estimates [C]. Proc. of the IEEE Int. Conf. on Robotics & Automation (ICRA), 2006.

[26] Mur-Artal R, Tardos J D. Probabilistic semi-dense mapping from highly accurate feature-based monocular SLAM [C]. Proceedings of Robotics: Science and Systems XI, 2015.

[27] 林辉灿, 吕强, 张洋, 等. 稀疏和稠密的 VSLAM 的研究进展 [J]. 机器人, 2016, 38 (5).

[28] 方强. 基于多视图几何的视觉辅助惯导组合导航关键技术研究 [D]. 长沙: 国防科学技术大学, 2013.

[29] Zbontar J, LeCun Y. Computing the stereo matching cost with a convolutional neural network [C]. IEEE Conference on Computer Vision and Pattern Recognition. Piscataway, USA: IEEE, 2015.

[30] 熊斯睿. 基于立体全景视觉的移动机器人 3D SLAM 研究 [D]. 哈尔滨: 哈尔滨工业大学, 2015.

[31] Faessler M, Fontana F, Forster C, et al. Autonomous, vision-based flight and live dense 3D mapping with a quadrotor micro aerial vehicle [J]. Journal of Field Robotics, 2015, 33 (4).

[32] Fuentes-Pacheco J, Ruiz-Ascencio J, Rendon-Mancha J M. Visual simultaneous localization and mapping: A survey [J]. Artificial Intelligence Review, 2015, 43 (1).

[33] 梁潇. 基于激光与单目视觉融合的机器人室内定位与制图研究 [D]. 哈尔滨: 哈尔滨工业大学, 2015.

C^2BMC 系统的发展现状及趋势

邰文星　丁建江　刘宇驰

  为了提高对指挥控制、作战管理和通信（C^2BMC）系统的认识和理解，指导未来反导指控系统的发展建设，本文重点对 C^2BMC 系统的发展历程和现状进行了梳理和研究。回顾了美军现代弹道导弹防御系统的发展历程，分析了 C^2BMC 系统的由来，介绍了 C^2BMC 系统的结构组成，并对未来 C^2BMC 系统的发展趋势进行了分析和预测。

引 言

指挥控制系统是连接预警探测系统和拦截武器系统的桥梁，也是弹道导弹防御作战信息处理和指挥决策的神经中枢，不仅决定着弹道导弹防御作战效能的发挥，还深刻影响着导弹防御系统的构成和作战样式的发展与演变。因此，在不断强化预警探测和拦截打击能力建设的同时，必须更加注重指控系统的发展，从而使弹道导弹防御系统向着一体化、自动化和智能化的方向迈进，形成更加强大的防御能力。

美军的 C^2BMC 系统是迄今为止发展时间最长、理念最先进、分布最广泛和成熟度最高的反导指控系统，其中有许多值得分析、研究和借鉴的地方[1,2]。为此，本文试图通过对 C^2BMC 发展现状的分析与研究，促进对该系统相关结构、功能和理念的认识与理解，从而指导未来反导指挥系统的发展建设。

1　C^2BMC 系统的由来

以 C^2BMC 的提出为界，美军现代弹道导弹防御系统的发展经历了两个阶段：

在第一阶段，也就是 C^2BMC 指控概念提出之前，美军的弹道导弹防御系统是针对特定威胁而建设的，主要由国家导弹防御系统（NMD）和"爱国者"-3防空导弹（PAC-3）系统、"宙斯盾"弹道导弹防御系统（BMD）与"萨德"防御系统（THAAD）等战区弹道导弹防御系统（TMD）组成。这些系统拥有各自专用的传感器、武器和指挥控制系统，彼此之间任务划分明确且相互独立。尽管针对性较强，却也产生了许多的问题。

一方面，系统间的相互独立，导致发展建设的重心和力度难以统筹和协调，无法灵活适应弹道导弹防御需求的发展和变化；另一方面，系统间的相互独立，导致防御资源被分散割裂，难以通过优化重组来形成体系合力，因而极大地降低了弹道导弹防御作战的灵活性、时效性、鲁棒性和效费比。

随着苏联的解体，美军的弹道导弹防御形势发生变化。为有效解决以上问题，应对新形势下弹道导弹防御的需求，美军于 2002 年调整了发展策略，不再区分国家导弹防御系统与战区导弹防御系统，同时决定采用以能力为基础、每两年一个阶段渐进式的方式，开发一个单一的、多层的弹道导弹防御系统，最终建成超越美国本土的全球性一体化导弹防御体系[3]，如图 1 所示。

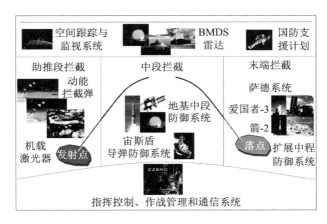

图 1　美军全球一体化弹道导弹防御体系

从此，美军进入了第二阶段，即全球一体化弹道导弹防御（BMDS）系统的建设阶段，C^2BMC 指控概念及系统也应运而生。在 C^2BMC 的支持下，原本分散在 NMD 系统和 TMD 系统内的信息与火力等防御资源被高度集成于单一系统之下，使得传感器与武器系统的使用更加灵活优化，作战信息的获取更加准确全面，作战指挥与决策的实施更加顺畅高效，BMDS 系统的防御能力得到了成倍拓展。

2012 年 10 月 24 日，美军进行了代号为 FTI-01 的导弹防御试验。试验中，C^2BMC 系统连接和整合了 PAC-3 系统、THAAD 系统、"宙斯盾"系统等导弹防御资源，成功对 5 个几乎同时出现的导弹目标实施拦截，试验的规模、复杂度和仿真度达到了前所未有的高度。

2013 年 2 月 13 日，美军"伊利湖"号巡洋舰在舰载 SPY-1 雷达发现目标前，通过 C^2BMC 系统和 STSS 系统提供的远程目标信息提前发射了一枚"标准"-3 Block IA型拦截弹,并成功拦截一枚中程单弹头导弹目标[4],完成了"宙斯盾"系统前所未有的壮举。

这些试验的成功,不仅充分显示了 C^2BMC 系统的有效性和先进性,也更进一步体现了指控系统在弹道导弹防御系统中的重要地位。

2 C^2BMC 系统的结构组成

C^2BMC 系统由庞大且复杂的网络、计算机、工作站、交换机、路由器、通信设施等硬件和各类计算机程序等作战软件构成,从职能上可大体划分为指挥控制、作战管理和通信三大分系统[5]。为更好理解 C^2BMC 的组成,下面分别从指控层次、传感器和功能三个方面来介绍 C^2BMC 的软、硬件构成。

2.1 C^2BMC 系统的指控架构

C^2BMC 系统于2004年开始投入使用,采用分布式体系结构,四级指控架构[6],如图2所示。

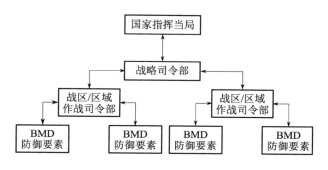

图2 C^2BMC 的指控架构

其中,国家指挥当局指美国白宫或国防部,主要行使弹道导弹防御的最高决策与指挥权限,并重点关注全球弹道导弹防御态势和与威胁相关的概要信息。

战略司令部为BMDS系统中的全球指控节点,负责统一制定、协调和执行全球导弹防御计划。

战区/区域作战司令部为 BMDS 系统中的区域指控节点，主要指美军的北方司令部、太平洋司令部等各大战区司令部，以及北美防空防天司令部、陆军防空反导司令部、施里弗空军基地、导弹防御集成和作战中心等参与全球弹道导弹防御的区域作战司令部、基地和中心。

BMD 防御要素指 BMDS 系统中执行具体防御任务的作战系统，包括"宙斯盾"BMD、PAC-3、THAAD 和地基中段拦截系统（GMD）等防御系统，还包括以色列的"箭"-2 系统等导弹防御系统。

在该指挥架构中，战略司令部在国家指挥当局的监督和授权之下，主要执行战略防御层面指挥控制活动。一方面，该级节点要致力于从战区司令部等区域指控节点获取区域态势数据，以生成和维持一体化的战略防御态势感知能力；另一方面，还要指挥协调各区域指控节点形成一体化战略防御作战的分析、规划、监视、决策与执行能力。战区司令部等区域指控节点则在战略司令部的统一协调之下，主要执行战役和战术层面的指控活动。一方面，区域指控节点要从所属的 BMD 防御要素收集目标航迹数据及战场数据，从而生成和维持区域防御作战态势感知能力；另一方面，还要在战略司令部的授权和指导下，指挥所属的 BMD 防御要素完成一体化的弹道导弹协同预警和拦截作战等防御任务。

可以看出，基于这样的指控架构，美军在战略防御指控层面和战区防御指控层面都尽量做到了一体化和扁平化，从而提高了作战信息传输、处理、融合和共享的效率，形成了层级式的一体化态势感知能力，使作战分析与指挥的准确性、灵活性和时效性得到增强，从而显著提升了 BMDS 系统的防御能力。

2.2 C²BMC 系统的传感器管控架构

C²BMC 能够接收、处理和显示从各类传感器和 BMD 要素得到的目标航迹和战场信息数据，其传感器管控架构大致如图 3 所示。

其中，全球司令部级 C²BMC 节点是指国家指挥当局和战略司令部，主要从下级节点接收全球一体化弹道导弹防御态势和威胁目标概

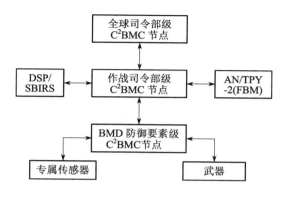

图 3 C²BMC 的传感器架构

略信息,并从战略层面统筹、规划、决策和执行全球弹道导弹防御的相关活动。但该级节点不直接参与具体的传感器管控,更多的是对下层节点的牵引和指导。

作战司令部级 C²BMC 节点指各大战区司令部、区域作战司令部、基地和中心,主要从指挥层面对所属的 BMD 防御要素和通用传感器进行管控,以维持相应的弹道导弹预警与目标信息获取能力,从而支持和保障全球 C²BMC 节点主导下的一体化弹道导弹防御评估、筹划和作战等活动。

BMD 防御要素级 BMC³ 节点指 BMD 防御要素内部的 BMC³ 指控单元,该指控单元为 BMD 防御要素所专用,主要从执行层面对要素内部的专用传感器和武器进行控制,从而获取弹道防御作战所需的情报信息数据。

专属传感器指 BMD 防御要素内部的专用传感器,如"宙斯盾" BMD 系统内的 AN/SPY-1D 雷达、THAAD 系统内的 AN/TPY-2(TM) 雷达和 GMD 系统中的 UEWR 雷达与 SBX 雷达等。此类传感器的管控权限仅属于对应的 C²BMC 指控单元。

国防支援计划/空基红外系统(DSP/SBIRS)和 AN/TPY-2(FBM) 是直接连接到作战司令部级 C²BMC 节点的通用传感器。需要说明的是:①DSP/SBIRS 的数据可以对所有的作战司令部级 C²BMC 节点开放和共享,但其控制权在更高一级的指挥节点之下;② AN/TPY-2

（FBM）的数据可以向其他作战司令部级 C^2BMC 节点推送和共享，但其管控权限仅属于其特定的作战司令部级 C^2BMC 节点。

在这样的架构之下，依靠其强大的一体化通信和信息处理能力，C^2BMC 可以对各个传感器节点获取的目标跟踪数据和态势数据进行收集、处理和融合，为不同级别、不同地区的指挥官提供统一的一体化作战视图，从而支持不同层面武器系统使用的协同决策。此外，依靠 AN/TPY-2（FBM）雷达强大的探测能力和前置部署能力，C^2BMC 系统对重点威胁区域的预警监视能力将更加灵活高效。

2.3 C^2BMC 系统的功能架构

C^2BMC 提供了一套非常有针对性且实用的工具，能够在全球弹道导弹防御的实施过程中提供分析规划、监视评估、辅助决策和作战管理等功能。因此，与其说 C^2BMC 是一个指挥实施工具，倒不如说它是一个功能强大的参谋工具。

一方面，C^2BMC 能够对所属的专用传感器进行远程管理和控制，以获取必要的目标情报信息；另一方面，C^2BMC 更主要被用来实施全球弹道导弹防御的分析、规划与协调，同时收集和处理各类目标航迹和战场数据，为 BMDS 系统、友军、盟国、海外驻军和国土防御提供重要的态势感知能力。

C^2BMC 由 6 大功能模块组成[7]，如图 4 所示，其中每一个独立的功能模块下还包含子功能模块。各大功能模块及其子模块通过通用数据和软件的一体化运用在 BMD 系统内各个层级进行互动，从而使整个防御系统协调运作。这些功能的实现需要大量的工作站、服务器、作战程序和网络接口等软/硬件的支持。

图 4 所示的各大功能模块中，作战司令部指挥控制模块、全球交战管理器（GEM）模块和规划器模块是弹道导弹防御态势感知、作战筹划和实施协调的主要功能模块，C^2BMC 服务模块、网络与通信模块和训练模块则主要为弹道导弹防御作战的筹划和实施提供保障和支持。

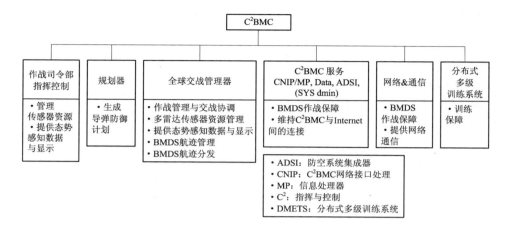

图 4　C^2BMC 的功能架构

作战司令部指挥控制模块主要为战略防御作战而设计，但也可以用于战区弹道导弹防御，其主要功能为：

（1）提供 AN/TPY-2（雷达）的远程管控能力；

（2）提供全球一体化弹道导弹防御的态势感知能力；

（3）支持 BMD 的任务分析、筹划、评估和指挥。

该模块的主要产品（输出）为：一体化的导弹防御图像（IBMP）和概况显示。

GEM 模块的功能与作战司令部指挥控制模块类似，但它的设计更聚焦于战区和区域 BMD 细节以及加强型的 AN/TPY-2（FBM）传感器管理控制与操作，其主要功能为：

（1）提供更强的传感器资源管理能力，包括自动化的传感器任务规划和同时管理多部 AN/TPY-2（FBM）雷达的能力；

（2）为区域作战指挥官提供一体化的半自动 BMD 作战管理能力和交战协同能力；

（3）优化的航迹下拉选择和推送能力。

在必要的情况下，GEM 模块也可以为战略弹道导弹防御提供支持。

规划器模块是一个中等逼真度的动态作战筹划器，其中包含了 GMD、海基 X 波段雷达（SBX）、AN/TPY-2、THAAD、"爱国者"和"宙斯盾"BMD 等基于大量验证工作而获得的数据与模型,能够提供最优的导弹防御规划能力和对高要求/低密度的战略及战区资产的分析能力。该模块同时支持战略和作战行动层面上的规划,还能够连接到陆军防空反导工作站、海军海上一体化防空反导规划系统等外部规划系统,并支持相关规划信息的交互。

C^2BMC 近期发展情况如图 5 所示。C^2BMC 服务模块和网络与通信模块主要指与作战信息处理和交互相关的服务器、软件和各类接口,包括航迹服务器、外部系统接口、C^2BMC 网络接口处理器和防空系统集成器等,主要面向各类作战数据的收集、处理、融合与推送分发。

图 5 C^2BMC 近期发展情况

分布式多级训练模块是连接到 C^2BMC 系统并在外部操作的一个训练系统,该系统采用一种类似的模式,即通过一部传感器来为分布在世界各地参与 BMD 的多级或独立站点提供通用的训练场景。该训练系统的服务器位于美军施里弗空军基地,能够提供中等逼真度的 C^2BMC 仿真效果以支持训练和练习,并且不影响现实世界中的作战行动。

3　C^2BMC 的发展历程及现状

C^2BMC 系统秉承"设计一点、发展一点、部署一点、了解更多"的发展理念，每2年进行一次系统软、硬件版本的升级和拓展[8]。为了便于区别，美军以"Spiral"来命名不同版本的 C^2BMC 系统，即"Spiral X.X"，也常简写作"S X.X"，如"Spiral 6.4"或"S6.4"。自2004年至今，C^2BMC 系统已由最初的 S4.0 版升级发展到 S6.4-3.0 版，而最新的 S8.2 版也正在紧密的研发之中。

在部署方面，C^2BMC 由最初几个相关部门内的若干数据终端，现已扩展到了导弹防御集成与作战中心（MDIOC）、施里弗空军基地、福特格里利堡、战略司令部、北方司令部、太平洋司令部、欧洲司令部、中央司令部、国家军事指挥系统，以及若干陆军防空反导司令部、空天作战中心等参与全球弹道导弹防御的重要指挥中心、基地和司令部，拥有超过70个 C^2BMC 工作站点，并跨越17个时区的庞大规模。

回顾近10年的发展，C^2BMC 参与了众多的测试和演习，相关的指控功能和能力也经历了多个版本的升级与拓展，如图4所示。

2008年，C^2BMC 进入 Spiral 6.4 版本的开发和部署之中，提出了AN/TPY-2（FBM）传感器管理与控制功能，并将全球交战管理器（GEM）引入了系统。这标志着作战司令部级 C^2BMC 节点对通用传感器进行远程管控的开始，使得 C^2BMC 的态势感知能力在未来得到不断加强，并引发了后续航迹管理、数据交互和目标选择等多项能力的提出。此外，在 Spiral 6.4 中还提出了一项非常重要的能力，即利用多传感器航迹生成单一系统航迹的能力[9]，它奠定了一体化导弹防御视图（IBMP）的基础。

2009年，导弹防御局（MDA）又提出了两项重大升级[10]：一是 Spiral 6.4 试图实现对同一责任区域内的多部 AN/TPY-2（FBM）雷达进行管理；另一个是 Spiral 8.2 的提出，包括添加传感器/武器系统配对、交战指导和通用 X 波段接口（目的在于下一步迈向传感器一体化管理）等来拓展 Spiral 6.4 的能力。此后，C^2BMC 的发展便一直着力于单部和多部 AN/TPY-2（FBM）雷达的远程管理和控制。可以说，2009 年的这两项重要升级确立了 C^2BMC 在后续近 10 年内的发展主题。

2015 年，美军将 SBIRS/DSP、AN/TPY-2（FBM）雷达与 C^2BMC 系统相联合，并称为全球/区域传感器/指挥控制架构[11]。这标志着 C^2BMC 即将向着传感器一体化管控的方向迈进，进入一个新的发展阶段。可以猜想，在 Spiral 8.2 和后续的版本中，C^2BMC 将能够控制更多数量和类型的传感器，从而具备更强的态势感知能力、目标信息获取能力和交战协同能力。

目前，正在服役的是 Spiral 6.4-3.0 版的 C^2BMC 系统，能够提供以下能力：

（1）通过多种信息报文格式和地面与卫星通信线路，为作战司令部和其他高级国家领导机构提供态势感知能力，包括 BMDS 系统的状态、覆盖范围以及用于战略/战区弹道导弹防御的目标航迹；

（2）作战司令部和分部层面的统一高层 BMD 任务规划能力；

（3）能够对一部或多部 AN/TPY-2（FBM）雷达进行管理和控制，并将其航迹数据推送给武器系统以提供目标指示和交战支持；

（4）在 C^2BMC 通信网络的支持下，C^2BMC 能够将 AN/TPY-2（FBM）雷达和 AN/SPY-1 雷达的航迹推送给 GMD 系统；若使用联合战术数字信息链路的报文格式，则可将 C^2BMC 的系统航迹数据发送给 THAAD 系统、PAC-3 系统和其他盟军系统来进行传感器引导和"宙斯盾" BMD 系统的交战支持；

（5）AN/TPY-2（FBM）雷达对远程威胁的识别任务规划能力；

（6）多雷达对同一目标的识别任务规划能力。

尽管 C^2BMC 还没有在正式的飞行测试中验证同时管理两部 AN/TPY-2（FBM）雷达的能力，但在专门的地面测试和现实世界的机会目标探测中，C^2BMC 已经多次演练了双雷达的管理、精确引导和系统航迹生成等功能。

此外，在 2016 年的 FTO-02 Event 1a 测试中，通过 AN/TPY-2（FBM）雷达的航迹处理、系统航迹生成、系统航迹选择和 Link 16 航迹上报等过程，C²BMC 支持"宙斯盾"BMD 系统远程发射的能力得到了验证。

4 C²BMC 发展趋势

根据 Spiral 6.4-3.0 的发展现状，以及 MDA 的相关计划和目标，可以预测 C²BMC 的发展将呈现以下趋势：

（1）随着 Spiral 8.2 的全面部署和使用，作战司令部级 C²BMC 节点将能够同时管理多部 AN/TPY-2（FBM）雷达，从而使 C²BMC 的态势感知能力得到进一步加强。

（2）MDA 于 2016 年授予了洛·马公司一份价值 7.8 亿美元的合同，以研发远程识别雷达（LRDR）[12]。在拥有 SBX 的情况下，这预示着 LRDR 很可能成为全球/区域传感器/指挥控制架构中的一员，并接受作战司令部级 C²BMC 节点的管控。如此一来，C²BMC 的识别能力将进一步加强，甚至可能在将来具备火控能力，从而全面提升对拦截交战的支持能力。

（3）随着任务筹划功能的升级和拓展，C²BMC 将能够制定出更加周密和详细的一体化作战预案与规则，从而在战中提供更高水平的自动化和智能化作战管理功能，减少人工干预的耗时，增加拦截交战的机会。

（4）作为一个庞大的分布式网络系统，C²BMC 早在 2008 年就成立了 BMDS 网络作战与安全中心（BNOSC），用以研究和保护 C²BMC 免受来自赛博空间的入侵和攻击。在 2014—2016 年，MDA 多次开展了针对 C²BMC 网络安全的评估、测试和演习等活动，以寻找和测试可以降低网络入侵发生概率或不良影响的措施和流程。因此，在未来的发展中，C²BMC 必将在赛博空间安全的防护上投入更多力量。

5 结束语

C²BMC 系统的产生与成功，深刻揭示了弹道导弹防御体系对抗的本质。随着技术的不断发展，硬件的不断升级，C²BMC 系统必将具备更加广泛的资源整合能力和更加深入的体系集成能力，并使 BMDS 系统向着全球化、一体化和智能化的方向迅速迈进。

参考文献

[1] 姚勇. 导弹防御作战指挥控制系统构建及其建模技术研究 [D]. 北京：装备指挥技术学院，2011.

[2] 李健，王建国. 美军全球一体化弹道导弹防御系统的中枢——C^2BMC [J]. 知远防务评论，2011（43）.

[3] 王克格. 美军弹道导弹防御指挥控制、作战管理及通信系统 [J]. 通信技术与装备动态，2013（4）.

[4] 黄国强. 美国 BMDS 级 C^2BMC 发展综述 [C]. 2013 年中国指挥控制大会，2013.

[5] MDA. Missile Defense Agency ballistic missile defense system（BMDS）：programmatic environmental impact statement，volume 1 final BMDS PEIS [R]. Washington DC：Missile Defence Agency，2007（2）.

[6] James B M，Man-Tak S，Mitchell R，et al. Comparative analysis of C^2 structures for global Ballistic Missile Defense [D]. Monterey，CA：Naval Postgraduate School，2006.

[7] 王浩，杨毅. "萨德"反导系统雷达前置部署操作手册 [R]. 北京：知远战略与防务研究所，2017.

[8] 黄国强. 美国 BMDS 级 C^2BMC 发展综述 [C]. 2013 年中国指挥控制大会，2013.

[9] Charles E M. Director operational test and evaluation annual report 2008 [R]. Washington，2008.

[10] Micheal G J. Director operational test and evaluation annual report 2009 [R]. Washington，2009.

[11] Micheal G J. Director operational test and evaluation annual report 2015 [R]. Washington，2015.

[12] Micheal G J. Director operational test and evaluation annual report 2016 [R]. Washington，2016.

[13] 龚光华，李鸿明. 基于光纤以太网的高精度分布式授时技术 [J]. 导航定位与授时，2017，4（6）.

2019 年国外导弹防御系统发展评述

熊 瑛　齐艳丽　才满瑞　姚承照　李 亮

　　导弹防御系统仍是各国重点发展和部署的武器装备。美国正在构建全球一体化导弹防御系统，明确提出采用主、被动防御与先发制人相结合的综合性发展战略。俄罗斯着重建设保护本土重要目标的区域导弹防御系统。日本、韩国、以色列等国依托美国构建本国的导弹防御系统。本文介绍了2019年国外导弹防御系统的部署现状、最新试验情况与研制进展，探讨了主要国家导弹防御技术的未来发展。

引 言

2019年,全球反导技术呈现快速发展态势。美国发布新版《导弹防御评估》报告,为全球一体化导弹防御系统的发展指明方向。俄罗斯将继续推进新一代预警系统的更新换代,研制和部署新型拦截系统。日本、韩国和以色列等国家根据各自的国情,加速发展本国导弹防御系统。据不完全统计,美国成功开展4次反导系统飞行试验,俄罗斯开展2次,以色列开展4次。

1 美国

1.1 美国发布新版《导弹防御评估》报告,首次将俄、中列为潜在对手

目前,美国已经基本建成全球一体化导弹防御系统,部署情况如表1所示。2019年1月17日,美国特朗普政府发布新版《导弹防御评估》报告,该报告作为2010年《弹道导弹防御评估》报告的后续,是特朗普政府对未来导弹防御规划的首份文件,将指引美国导弹防御未来的发展重点和发展方向。

新版报告首次将俄、中两国列为潜在对手,将防御目标从弹道导弹拓展到高超声速武器等各类导弹,明确将采用威慑、主动和被动导弹防御以及进攻性作战相结合的手段,来预防和防御导弹袭击,这也是与2010年报告的最大不同点。

1.2 地基中段防御系统实现首次齐射拦截,杀伤拦截器技术发展进行重大调整

2019年3月25日,美国首次开展GMD系统齐射拦截试验,成功拦截1枚洲际弹道导弹靶弹。试验中先后发射2枚地基拦截弹。第1枚地基拦截弹成功拦截目标,第2枚拦截弹探测到碎片后,继续寻找其他

表 1 美国导弹防御系统装备当前状态

系统		型号	部署现状
探测系统	天基	国防支援计划（DSP）	4 颗地球同步轨道（GEO）卫星
		天基红外探测系统（SBIRS）	4 颗高椭圆轨道（HEO）和 4 颗 GEO 卫星
		空间跟踪与监视系统（STSS）	3 颗，包括 1 颗先进技术风险降低（ATRR）卫星和 2 颗演示验证卫星
	海基	海基 X 波段雷达（SBX）	1 部（母港——阿拉斯加州埃达克岛）
		舰载 AN/SPY-1 雷达	38 部（随"宙斯盾"舰全球部署）
		AN/TPY-2 X 波段雷达（前沿部署模式）	6 部（位于韩国星州郡、日本青森县车力基地和京丹后市、以色列、土耳其和卡塔尔）
	陆基	改进的早期预警雷达（UEWR）	3 部（比尔空军基地、英国菲林代尔斯和格陵兰岛图勒），另外 2 部正在改进
		丹麦"眼镜蛇"雷达	1 部（阿拉斯加州谢米亚岛）
拦截系统		地基中段防御（GMD）系统	44 枚地基拦截弹（阿拉斯加州格里利堡 40 枚、加利福尼亚州范登堡 4 枚）
		海基"宙斯盾"反导系统	全球部署 38 艘宙斯盾舰，配备 300 余枚标准 3 拦截弹
		陆基"宙斯盾"反导系统	1 套陆基"宙斯盾"系统（罗马尼亚），配备 24 枚"标准"-3 拦截弹
		"萨德"系统	7 个导弹连，210 枚"萨德"拦截弹
		"爱国者"-3 系统（PAC-3）	>800 枚 PAC-3 拦截弹
指挥、控制、作战管理与通信系统（C^2BMC）			正在部署 8.2-3 版本系统，具备区域管理多部雷达的能力及直接获取天基信息的能力，进一步强化全球作战管理能力

可能的威胁。在确定没有观测到其他弹头后，选择了"最具威胁的目标"并对其进行摧毁。此次试验是 GMD 系统首次对较复杂洲际弹道导弹目标进行齐射拦截，验证了齐射理论在导弹防御中的作用，如图 1 所示。

图 1 GMD 系统齐射拦截试验

在杀伤器研制方面，重新设计杀伤器（RKV）在 2019 年因"技术问题"未能通过关键设计评审，美国防部 8 月正式终止与波音公司 RKV 的研制合同。受此影响，导弹防御局在 2020 财年预算申请中将多目标杀伤器（MOKV）计划归零，并于 8 月 29 日发布了下一代地基拦截弹征询书。征询书描述了一种功能更强大的系统，并指定了新系统将有效应对的近 50 种威胁场景。其中，有些作战场景蕴含严峻挑战，且超出现有防御网络的作战范围。新系统将采用碰撞杀伤方式和一对多拦截方式，部署在现有发射井内。

评估报告还指出，在美国本土新建拦截基地是增强本土防御能力的一个选择。美国防部在国会压力下对东海岸的 4 个备选地点进行评估后，确定将德拉姆堡作为东海岸导弹防御基地首选地点，但具体实施方案受多个因素制约影响。

1.3 继续研制新型雷达，下一代天基探测系统方案基本确定

2019 年，美国将继续研制新型雷达，如图 2 所示。1 月，美国海军在夏威夷完成 AN/SPY-6（V）1 防空反导雷达最后一轮研发试验，成功跟踪了第 15 枚弹道导弹目标，预计 2020 年交付，2023 年实现初始作战能力。洛·马公司完成远程识别雷达的框架构建，交付了首批 20 块雷达面板，开始雷达系统的安装、集成和测试，计划于 2020 年部署

在阿拉斯加州，2022 年接受作战验收。此外，美国还计划于 2025 年底在日本部署本土防御雷达，与夏威夷雷达协作运行，以跟踪打击美国本土、夏威夷和关岛等地的洲际弹道导弹。

图 2　太平洋试验靶场的 AN/SPY-6（V）雷达

下一代天基探测系统将采用由近地轨道卫星与地球同步轨道卫星组成的混合架构，如图 3 所示。高轨卫星方面，下一代过顶持续红外系统将用于取代现有天基红外探测系统。新系统将由 3 颗地球同步轨道卫星和 2 颗极地轨道卫星组成。2019 年 10 月 10 日，美国空军太空与导弹系统中心宣布，由洛·马公司负责研制的 3 颗地球同步轨道卫星已通过初步设计评审，将在 2025 年交付。

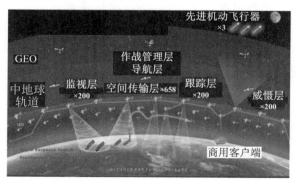

图 3　大规模近地轨道天基架构

低轨卫星方面，导弹防御局正在与太空发展局、美国国防高级研究计划局（DARPA）和美国空军合作，开展高超声速和弹道导弹跟踪天基探测器（HBTSS）的原型方案设计。HBTSS是美太空发展局主导的大规模近地轨道天基架构的任务之一。大规模近地轨道将由空间传输层、跟踪层、监视层、威慑层、导航层、战斗管理层以及支持层组成。2019年10月，导弹防御局分别授予诺·格公司、雷声公司等4家公司HBTSS合同。根据合同内容，每家公司必须在2020年10月31日之前设计探测器有效载荷样机。

1.4 "萨德"系统成功开展首次远程发射拦截试验，验证全球快速机动部署能力

2019年8月30日，美军成功开展"萨德"系统首次远程发射拦截试验（FTT-23），如图4所示。试验发射了1枚中程弹道导弹靶弹，AN/TPY-2雷达探测、跟踪到目标后，火控系统指挥1辆位于一定距离外的"萨德"系统发射车发射1枚拦截弹，成功摧毁靶弹。

图4 FTT-23试验中"萨德"系统拦截弹发射瞬间

2019年3月3日，美国、以色列开展军事演习，实现了一个飞行架次运输一整套"萨德"系统，其中包括AN/TPY-2雷达、发射装置、拦截弹和指挥控制系统等。2019年5月，美国将全套"萨德"系统从本

土空运至罗马尼亚，随后横穿罗马尼亚400 km以上。这是迄今为止"萨德"系统在美国本土以外进行的最远距离的地面运输，验证了"萨德"全套系统的全球快速机动能力。

图5　美军将"萨德"系统空运至罗马尼亚

1.5　强调发展多样化的导弹助推段拦截能力，推进先进机载拦截技术研究

美国继续发展机载动能和定向能拦截能力。动能拦截方面，新版评估报告明确指出，将F-35隐身战斗机纳入弹道导弹防御系统，利用其机载传感器跟踪敌方，并考虑搭载新型拦截弹击落助推段导弹。2019年，美军在"橙旗评估"（OFE 19-2）演习期间，成功实现F-35战斗机跟踪数据与一体化防空反导作战指挥系统的融合，为F-35纳入反导系统奠定了基础。

定向能拦截方面，美国继续推进低功率激光演示项目，征询开展高功率激光器演示验证的可行性。2019年3月，导弹防御局成功开展低功率激光演示验证项目地面试验，以确定激光系统达到特定杀伤效果所需量级。试验结果用于建立激光摧毁目标材料和元器件的功率模型。导弹防御局正在资助研发两种高能电泵浦激光技术——劳伦斯·利弗莫尔国家实验室的二极管泵浦碱激光系统和麻省理工学院林肯实验室的光纤组合激光器。两者都参与了此次试验。2019年4月

1 日，导弹防御局发布激光器缩比项目的信息征询公告，征询在 2025 年开展 1 000 kW 级导弹防御激光器演示验证的可行性，最终将在 2023 年实现该技术由国家实验室向工业应用转化，并开始战略激光武器的制造。

1.6 推进高超声速防御项目，探索高超声速武器拦截能力

根据新版评估报告，导弹防御局正在开展高超声速防御架构备选方案研究，第一阶段将评估现有探测系统和武器系统防御高超声速威胁的效果。预警探测方面，美国国防部正在改进现有天基和陆基探测系统采集和处理数据的能力，以实现高超声速滑翔武器的预警和跟踪；发展新型天基探测系统，以实现高超声速武器的探测和跟踪。

拦截技术方面，导弹防御局授出 5 份高超声速防御武器系统方案，进一步探索高超声速武器拦截方案的可行性，研制周期为 2019 年 9 月—2020 年 5 月，如表 2 所示。其中，雷声公司获得 2 份合同，继续研究高超声速防御的非动能方案和"标准"-3 中程防空导弹系统方案；洛·马公司获得 2 份合同，用于进一步研制和完善"女武神"高超声速防御末段拦截弹方案以及高超声速防御武器系统方案——"标枪"；波音公司获得 1 份合同，以推进其高超声速武器的超高声速拦截器方案。

表 2 导弹防御局授出 5 份合同的基本信息

序号	承包商	项目名称	金额/万美元
1	洛·马航天公司	高超声速防御武器系统方案——"标枪"	450
2	洛·马导弹与火控系统公司	"女武神"高超声速防御末段拦截弹	440
3	雷声导弹系统公司	"标准"-3 中程防空导弹	440
4	雷声公司阿尔伯克基分部	高超声速防御非动能方案	430
5	波音公司	针对高超声速武器的超高声速拦截弹方案	440

2 其他国家

2.1 俄罗斯继续部署新一代反导预警探测系统,成功开展多次拦截试验

2019年9月26日,俄罗斯成功发射第3颗"苔原"新型导弹预警卫星。据称,星上还配备保密的核战应急通信有效载荷。俄希望在2020年用6颗卫星完成组网。10月,俄罗斯军方表示2024年前将在克里米亚地区、科米共和国和摩尔曼斯克地区建造3座"沃罗涅日"新型陆基预警雷达,进一步提升针对西南方和北极的探测能力。拦截试验方面,2019年6月6日,俄罗斯在萨雷·沙甘发射场成功开展A-235飞行试验,试射前反导系统车队先将拦截弹装填至地下井。6月14日,俄罗斯在普林谢茨克靶场再次成功开展A-235反导试验。

图6 俄罗斯发射"苔原"卫星

2.2 以色列开展多次反导飞行试验,验证多层防空反导系统性能

2019年1月22日,美国、以色列在以色列中部帕尔马奇姆空军基地成功开展"箭"-3拦截试验。3月18日,成功完成了"大卫·投石索"系统的第6次拦截试验。4月16日,以色列国防军在中部基地开

展了"爱国者"和"铁穹"导弹防御系统联合演习,成功拦截了多个目标。此次演习是年度训练计划的一部分,旨在测试防空部队在不同作战场景下的准备度。7月28日,美国、以色列在阿拉斯加成功开展"箭"-3反导拦截试验(试验代号为FTA-01)。试验前,以色列使用一架安124飞机将"箭"-3系统运至阿拉斯加科迪亚克太平洋试验中心。美军AN/TPY-2雷达也参与了此次试验。

图7 "箭"-3反导拦截试验

2.3 日本将引进陆基"宙斯盾"系统,与美国商讨部署本土防御雷达

2019年1月29日,美国国务院批准日本以21.5亿美元购买2套陆基"宙斯盾"弹道导弹防御系统。考虑经济因素,日本政府决定购买的2套陆基"宙斯盾"系统不具备协同交战能力,这意味着该系统将无法遂行防空任务,只能担负弹道导弹防御的单一用途。

此外,日本与美国正在就本土防御雷达部署问题展开谈判。美国政府希望在日本部署本土防御雷达,用于跟踪向美国本土、夏威夷和关岛等地发射的洲际弹道导弹。如果两国达成一致,日本将在2025年底实现部署,可显著增加美国探测中俄战略导弹能力。

2.4 韩国将增购反导雷达和"宙斯盾"舰,提升防御能力

2019 年 8 月 14 日,韩国国防部公布《2020—2024 年国防计划》,计划未来 5 年内增购 2 部地面反导预警雷达和 3 艘新型"宙斯盾"驱逐舰。新型驱逐舰将配备美制"宙斯盾"作战系统和"标准"-3 拦截弹,预计 2028 年前交付部队。韩国还寻求通过部署 PAC-3 改进型拦截弹及"天马"-2 导弹,研发远程面对空导弹来增强其多层拦截能力。

3 发展评述

3.1 美国进一步明确导弹防御的地位,拓展导弹防御系统的体系架构

2019 年,美国政府发布新版《导弹防御评估》报告,再次强调导弹防御是美国国家安全和防御战略的重要组成部分,是美国优先发展的国防项目;报告首次将俄、中列为潜在威胁对象,未来将构建可应对弹道导弹、巡航导弹和高超声速导弹等各类导弹武器的防御体系。报告明确提出,要将 F-35 隐身战斗机和高超声速防御项目纳入新的反导体系之中,构建天基探测系统,提升地基中段拦截系统的性能和部署规模,推进先进机载定向能拦截技术的研究和高超声速武器拦截能力的发展。

3.2 俄罗斯继续推进反导系统的现代化建设,构建多梯次空天防御体系

俄罗斯继续部署新一代反导预警探测系统,推进俄反导系统的现代化改进。俄罗斯将在 2020 年实现天基预警系统的组网,未来 5 年将继续增加新一代预警雷达的部署规模,届时将实现以莫斯科为中心、以欧洲为重点的环形预警能力。俄罗斯将继续研制 A-235 系统,2020 年部署 S-500 系统。未来,俄罗斯将成功构建空天预警体系,形成战略与非战略反导系统的多梯次配置与拦截能力。

3.3 日本、韩国、以色列等国加强与美国的军事合作，建设本国区域反导系统

以色列、日本、韩国继续依托美国，通过联合研制和采购等方式建设本国的反导系统。其中，日本将成为美国在亚太的重要支点，引进陆基"宙斯盾"系统，联合研制"标准"-3-2A 导弹，部署本土防御雷达，提升针对中俄弹道导弹和高超声速武器的预警探测和拦截能力。

4 结束语

本文梳理了 2019 年国外导弹防御系统的部署现状和最新研制进展，并对其发展进行评述。美国导弹防御系统已实现全球部署，未来将构建针对巡航导弹、弹道导弹和高超声速武器的导弹防御系统。俄罗斯、以色列、日本、韩国将依据各自的国情，进一步提升反导能力。

参考文献

[1] 2019 Missile Defense Review. The Secretary of Defense [EB/OL]. https：//media. defense. gov/2019/Jan/17/2002080666/-1/-1/1/2019-MISSILE-DEFENSE-REVIEW. PDF，2019.

[2] 熊瑛，齐艳丽. 美国 2019 年《导弹防御评估》报告分析 [J]. 飞航导弹，2019（4）.

[3] 熊瑛，齐艳丽. 美国导弹防御系统能力及装备预测分析 [J]. 战术导弹技术，2019（1）.

[4] Homeland missile defense system successfully intercepts ICBM target [EB/OL]. https：//www. mda. mil.

[5] Paul M. Pentagon issues classified RFP for new missile interceptor [EB/OL]. https：//breakingdefense. com/2019/09/pentagon-issues-classified-rfp-for-new-missile-interceptor/，2019-09-06.

[6] Stephen C. Russia launches missile warning satellite [EB/OL]. https：//spaceflightnow. com/2019/09/26/russia-launches-missile-warning-satellite，019-09-26.

［7］Sandra E. Missile Defense Agency selects four companies to develop space sensors ［EB/OL］. https：//spacenews. com/missile-defense-agency-selects-four-companies-to-develop-space-sensors/，2019-10-30.

［8］Staff W. Israel and US test Arrow 3 ballistic missile interceptors ［EB/OL］. https：//thedefensepost. com/2019/01/22/israel-us-arrow-3-ballistic-missile-intercepter-test/，2019-01-22.

陀螺仪的历史、现状与展望

翟羽婧　杨开勇　潘瑶　曲天良

　　本文概述了陀螺仪的发展历史，论述了激光陀螺、光纤陀螺、哥氏振动陀螺等几种典型陀螺仪的基本原理及已有产品的参数指标。探讨了陀螺仪的发展前景，并介绍了以陀螺为基础的惯性导航系统在导弹、航空、航天及民用领域的广泛应用。

引 言

陀螺仪是在惯性空间测量运动物体旋转角度或角速度的传感器[1]。在以惯性原理为基础的航迹推算系统，即惯性导航系统中，陀螺仪通常和加速度计一起作为惯性敏感元件，用来测量和计算载体的位置、速度、姿态等导航参数。随着惯性技术的发展，高性能的陀螺仪越来越受到市场青睐，由于其精度高、性能稳定、可靠性好、抗干扰能力强和寿命长等特点而被广泛应用于导弹、航空、航天、航海等领域。本文按陀螺仪的历史、现状与展望的思路梳理了陀螺仪的发展历程，并简要介绍了陀螺仪的应用。

1 陀螺仪的发展

陀螺仪的发展经历了漫长而艰苦的岁月，时至今日已经取得了巨大的成就。由于其在国防军事、现代社会生活等领域的重要地位，陀螺仪依然是各国研究的热点。

1852年，法国物理学家傅科（Foucault）首次提出了陀螺仪的定义、原理及应用设想，并制造了最早的傅科陀螺仪[2]。1908年，德国安休茨（Anschutz）发明了陀螺罗经（Gyro Compass）。1909年，美国斯佩里（Sperry）也独立研制出了陀螺罗经并应用于舰船的导航，陀螺罗经的出现标志着陀螺仪技术的形成和现代应用的发端。

20世纪20—30年代，陀螺转弯仪、陀螺地平仪和陀螺方向仪作为指示仪表相继在飞机上使用[2]。20世纪40年代末至20世纪50年代初发展起来了液浮陀螺和气浮陀螺，20世纪60年代起又出现了挠性转子动力调谐陀螺仪。1964年，美国率先研制成功静电陀螺仪。以上都是传统的陀螺仪，即机械转子式陀螺仪，依靠转子的高速旋转来实现角速度信息的测量。

随着1960年美国物理学家梅曼（Maiman）研制出第一台红宝石激光器，陀螺仪的研制也迅速进入了一个崭新的阶段。1961—1962年，希尔（Heer）和罗森塔尔（Rosenthal）等人提出了环形激光陀螺的设想，并于1963年研制出世界上第一台环形激光陀螺实验装置[3]，如图1所示。随后，美国霍尼韦尔（Honeywell）公司经过十几年的努力，使得激光陀螺于1975年和1976年分别在飞机和战术导弹上试飞成功，标志着激光陀螺从此进入实用阶段。环形激光陀螺仪的发展与应用是陀螺仪历史上最大的技术进步。20世纪80年代，激光陀螺成功应用于飞机、地面车辆导航、舰炮稳定等系统。1989年，船用激光陀螺惯性导航系统研制成功。

图1 第一台环形激光陀螺实验装置[4]

1976年，美国犹他大学Vali和Shorthill首先提出光纤陀螺的设想并进行了演示试验。1978年，美国麦道公司研制出第一个实用化光纤陀螺。1980年，Bergh等制出第一台全光纤陀螺试验样机，使光纤陀螺向实用化迈进了一大步[5]。20世纪80年代中期，干涉型光纤陀螺仪研制成功[2]。光学陀螺的发展和应用是惯性导航技术发展史上重要的里程碑。

20世纪80年代中期，基于哥氏效应原理的微机械陀螺（MEMS）迅速发展起来，以其体积小、成本低的特点为惯性导航系统的应用打开了更为广阔的领域，在军用方面尤其加速了战术武器制导化的进程。

2 几种典型的陀螺仪

2.1 激光陀螺

20世纪60年代早期开始研制的激光陀螺（Ring Laser Gyro）在70年代后期进入实用领域，成为捷联式惯性导航系统的理想部件。它具有快速启动、全固态、抗冲击振动能力强、动态范围大、精度高、寿命长、可靠性好、动态误差小等优点，并且能直接数字输出，非常方便地与计算机结合。激光陀螺的原理基于Sagnac效应：在环形腔体中，有沿顺、逆时针独立传播的两束光，当环腔静止时，两束光在腔体内传播一周的时间相等，光程相等；当环腔绕其垂直面以某一角速度旋转时，沿相反方向传播的两束光的光程发生变化。根据谐振条件，两束光的频差与旋转角速度成正比，比例因子与环形光路面积、激光波长以及闭合腔长有关。通过测量拍频就可以解算出环腔旋转的角速度。

美国霍尼韦尔公司是世界激光陀螺研发的先驱者，代表了该领域研究的最高水平。其产品种类多样，规格齐全，主要以三角形光路的二频机械抖动陀螺为主，不同的型号性能可以满足不同精度惯性系统的要求。其中，GG1389陀螺仪的零偏稳定性达到了0.000 15 °/h，是世界上精度最高的激光陀螺[4]。该公司另一种低成本陀螺GG1320（图2），前期产品零偏稳定性为0.1 °/h～0.03 °/h，2007年发布的该型号陀螺的升级产品最高可达到0.003 5 °/h[4]。

2.2 光纤陀螺

20世纪70年代开始研制，80年代早期进入实用的光纤陀螺（Fiber Optical Gyro）与激光陀螺都属于光学陀螺，同样是基于Sagnac效应。与环形激光陀螺相比，光纤陀螺具有研究起步门槛低和适合大批量生产的优势，但比例因子稳定性较差，且光纤易受温度的影响，造成陀螺的温度噪声及温度漂移。光纤陀螺的典型结构有干涉式光纤陀螺（I-FOG）、谐振式光纤陀螺（R-FOG）以及尚处于研究阶段的受

图 2 霍尼韦尔公司 GG1320 激光陀螺仪[2]

激布里渊散射光纤陀螺（B-FOG）。按照元器件类型，光纤陀螺可分为分立元件型、集成光学型和全光纤型。目前，全光纤陀螺技术比较成熟，性能在三种中最好[5]。

美国霍尼韦尔公司的第二代高性能 I-FOG 采用了集成光学多功能芯片技术以及全数字闭环电路、保偏光纤线圈（2～4 km）、高功率光纤激光器，零偏稳定性达到 0.000 23 °/h，角度随机游走系数为 0.000 19 °/h$^{1/2}$，标度因数稳定性 0.3×10^{-6}，并已应用在高性能惯性参考系统中[6]。

美国诺·格（Northrop Grumman）公司 LN-200 FOG 系列机载惯性测量单元（IMU）是光纤陀螺的另一典型应用，其内有 3 个固态光纤陀螺仪，可提供的最高零偏稳定性为 0.5 °/h（图 3）。

2.3 哥氏振动陀螺

2.3.1 固态波陀螺仪

固态波陀螺仪的角速度检测原理是以旋转的轴对称壳体中激发的弹性驻波的惯性为基础[7]。由于哥氏力的作用，驻波对于壳体，以及在惯性空间中都会发生进动。固态波陀螺仪就是利用谐振子径向振动

图 3　诺·格公司 LN-200 FOG 系列机载 IMU

产生的驻波沿环向的进动来敏感基座的旋转,从而实现转角或转速的测量。振型相对壳体顺时针旋转的角度正比于壳体逆时针绕中心轴旋转的角度,通过测量振型进动角,即可得到旋转角度。

固态波陀螺仪独特的工作原理使其具有一系列优点:完全没有运动部件,装置的工作寿命长;精度高,随机误差小;对周围环境的恶劣条件稳定性好;较小的外形尺寸、质量及功耗;在短时间切断供电的情况下可以保留惯性信息[7]。

半球谐振陀螺(Hemispherical Resonator Gyro,HRG)是一种典型的固态波陀螺仪。诺·格公司 Hubble HRG 是目前公开报道的指标最高的半球谐振陀螺,零偏稳定性 0.000 08 °/h,角度随机游走 0.000 01 °/h$^{1/2}$(图 4)。法国赛峰(SAFRAN)公司在 2018 年第五届 IEEE 惯性传感器与系统会议(ISISS)上公开的半球谐振陀螺参数已经达到零偏稳定性 0.000 1 °/h,角度随机游走 0.000 2 °/h$^{1/2}$,比例因子稳定度 0.1×10^{-6}(图 5)。

2.3.2　MEMS 陀螺

微机械式谐振陀螺,即 MEMS 陀螺,也称硅微陀螺。它采用微纳米技术将机械装置和电子线路集成在微小的硅芯片上,通过获取一个振动机械元件上的哥氏加速度效应来实现角速率检测。MEMS 陀螺最主要的特点是价格低、体积小。

图 4　诺·格公司 Hubble HRG

图 5　赛峰公司半球谐振陀螺[8]

MEMS 陀螺根据结构的不同主要有框架式角振动陀螺、音叉式梳状谐振陀螺和振动轮式硅微陀螺。日本硅传感系统公司（SSS）一直从事 MEMS 谐振环陀螺研制，最新产品零偏稳定性优于 0.06 °/h，角度随机游走优于 0.01 °/h$^{1/2}$，是谐振环陀螺的最高水平[9]。美国在 DARPA 导航级集成微陀螺仪（NGIMG）项目支持下，谐振盘陀螺的研究取得了突破性进展，基于 8 mm 直径硅材料的谐振盘陀螺实现了零偏稳定性优于 0.01 °/h，角度随机游走优于 0.002 °/h$^{1/2}$ [9]。

3　陀螺仪的发展前景

随着现代科技日新月异的发展，人们对陀螺的性能指标提出了更高的要求，陀螺仪的低成本、小型化、高精度是其发展的必然趋势。

美国霍尼韦尔公司的 GG1308 型陀螺仪是小体积、低成本激光陀螺的最典型代表,该陀螺三角形光路的边长仅 2 cm,总体积小于 32.8 cm³[3],质量为 60 g,每只售价仅为 1 000 美元,零偏稳定性为 5 °/h ~ 1 °/h[4]。

集成光学陀螺(IOG)也称为芯片上的光学陀螺,是一种以光波导为基的 Sagnac 效应陀螺[2]。理论上,通过在一个集成光学芯片上制作一个 FOG 光路就可以将 MEMS 陀螺的小尺寸和光纤陀螺全固态、无源可靠性高的特点结合起来,可成批生产并且性能稳定。IOG 虽然还没有达到相当于光纤陀螺的灵敏度,但它的高集成度以及可以预见的优良性能使其成为一种很有发展潜力和市场竞争力的陀螺结构。

据赛峰公司的预测,哥式振动陀螺将成为下一代陀螺仪(图 6)。尤其是半球谐振陀螺,创新设计和大规模工业投资使其精度和产量不断提高,它能够以非常经济高效的方式满足苛刻环境条件下的精度要求,应对大众市场问题[8]。

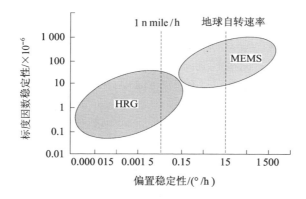

图 6　赛峰公司关于陀螺技术应用前景的预测[8]

从陀螺技术的长远发展来看,原子陀螺(Atomic Gyroscope)极有发展潜力,虽然研究历史较短,但取得的成果是令人振奋的。从工作原理上看,原子陀螺可分为基于原子干涉的冷原子陀螺(AIG)和基于原子自旋的核磁共振陀螺(NMRG)两大类,它们都尚处于研究初期阶段,有望满足未来陀螺仪精度更高、体积更小、可靠性更强、动态性能更卓越的要求[10]。美国圣地亚国家实验室、斯坦福大学、加州大学伯克利分校、普林斯顿大学等多家国外研究机构已经成功研制了基于各种方案的原子陀螺原理样机。随着一系列工程难题的逐步解决，原子陀螺的工业化制造、工程化应用将是必然趋势。

总体来说，光学陀螺是目前应用的主流。据估计，其产品市场占有率达到了60%左右[11]，并且全球光学陀螺仪市场的需求在未来10年内还将不断增加；哥式振动陀螺将成为下一代陀螺仪，它有望以更小的功耗和更高的稳定性获得广泛的应用；而原子陀螺是陀螺研究领域的热点，它的研制将为陀螺的高精度、小型化发展提供思路，为惯性技术开辟新的应用领域。

4 陀螺仪的应用

陀螺仪的应用领域十分广泛，作为信号传感器，它可以提供姿态、速度、位置等信息，为导航体和武器系统提供导航或制导；作为稳定器，陀螺仪可以安装在各种载体上，辅助其减小摇摆，达到稳定；作为精密测试仪器，陀螺仪能够为地面设施、矿山隧道、地下铁路、石油钻探以及导弹发射井等提供准确的方位基准（图7）。

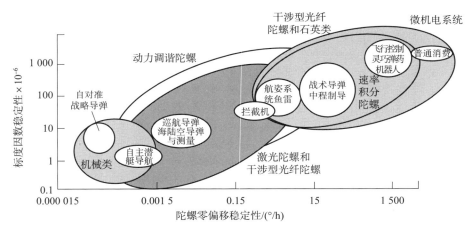

图 7 陀螺仪应用状况分析[2]

以陀螺仪和加速度计为主要惯性元件的惯性导航系统（INS）是陀螺仪的典型应用。INS是一种自主式的导航设备，能连续、实时地提供载体位置、姿态、速度等信息。其主要特点是不依赖外界信息，不受气候条件和外部因素的干扰，同时也不向外部辐射能量，隐蔽性好，这就很好地弥补了全球卫星导航系统依赖无线电波，抗干扰能力、抗欺骗能力较差的不足。因此，采用惯性/卫星组合导航技术可实现全球范围内高精度连续导航，而且惯性导航系统输出的信号具有连续性和普遍存在性，从而使得载体可在任何时间和任何地点连续工作。以惯性技术为基础的组合导航是导航技术的研究重点，并将进一步向多传感器融合的方向发展。

惯性导航及控制系统最初主要服务于航空航天、陆上海上的军事用途，是现代国防系统的核心技术产品。无论是神舟飞天、蛟龙下海，还是各种现代化的武器装备，陀螺以及惯性导航系统都是必不可少的。随着成本的降低和需求的增长，惯性导航技术的应用领域被拓宽，在国民经济中发挥着越来越重要的作用，已经被应用于民用运载工具以及资源勘测、海洋探测、大地测量、隧道铁路建设等商用领域。未来，它还将会在消费电子、医疗电子、室内导航等领域更便捷有效地服务于人民生产生活。

5　结束语

陀螺仪作为一种惯性敏感元件，诞生至今已有 100 多年的历史。作为一项关乎国防和经济建设的重要技术，近几十年来更是飞速发展，备受各国关注。光学陀螺的诞生与发展在陀螺仪历史上具有划时代的意义，也是现阶段应用最广的陀螺仪；哥式振动陀螺具有很大的发展和应用潜力；而原子陀螺等新型陀螺仪也在加速研发中。作为惯性导航系统的心脏，陀螺仪为惯性技术提供重要支持和保障，必将朝着低成本、高精度、小体积的趋势发展。陀螺仪的研究和讨论将是持续的热点话题，提高它的性能、推广它的应用将是各国研究者不断努力的目标。

参考文献

[1] 樊尚春. 轴对称壳谐振陀螺 [M]. 北京：国防工业出版社, 2013.

[2] 付梦印. 神奇的惯性世界 [M]. 北京：北京理工大学出版社, 2015.

[3] 张娟娟. 激光陀螺数字抖动偏频及加/解噪技术研究 [J]. 西安石油大学学报, 2009 (1).

[4] 张斌, 罗晖, 袁保伦, 等. 国外激光陀螺发展与应用 [J]. 国外惯性技术信息, 2017 (4).

[5] 杨亭鹏, 刘星桥, 陈家斌. 光纤陀螺仪（FOG）技术及发展应用 [J]. 火力与指挥控制, 2004, 29 (2).

[6] 罗睿, 张瑞君. 光纤陀螺技术发展现状及其应用 [J]. 中国电子商情：基础电子, 2009 (4).

[7] Матвеев В А, Пунин Б С, Басараб М А, 等. 固态波陀螺仪导航系统 [M]. 哈尔滨：哈尔滨工业大学出版社, 2013.

[8] Delhaye F. HRG by SAFRAN：the game-changing technology [C]. IEEE International Symposium on Inertial Sensors and Systems, 2018.

[9] 权海洋, 杨栓虎, 陈效真, 等. 高端MEMS固体波动陀螺的发展与应用 [J]. 导航与控制, 2017, 16 (6).

[10] 严吉中, 李攀, 刘元正. 原子陀螺基本概念及发展趋势分析 [J]. 压电与声光, 2015, 37 (5).

[11] 激光陀螺仪产业发展现状概述 [EB/OL]. http：//www.chyxx.com/industry/201609/444996.html. 中国产业信息网, 2018-05-12.

弹载雷达导引技术发展趋势及其关键技术

赵 敏 吴卫山

  未来空战环境日益恶劣，提高雷达导引头的抗干扰能力、复杂战场环境的适应性是雷达导引技术的发展方向。本文重点对几种典型的先进雷达导引技术进行了分析。在此基础上，总结了制约未来雷达导引技术发展的关键技术。

引 言

雷达导引头在导弹末制导阶段工作，把天线接收到的目标回波信号经接收机送至信号处理机，获取目标的信息，输出角误差信息，通过控制系统按照一定导引规律控制导弹飞向预定目标[1]。雷达导引头具有作用距离远和全天候工作的特点，在导弹制导领域得到广泛应用。然而，雷达导引头面临着复杂多变的电磁干扰环境，抗电磁干扰和提高低截获概率等性能已成为其重要的技术指标。目前，世界各国都在努力发展新技术，通过发展改进型或研制新型号提升雷达导引头的性能。随着雷达技术的飞速发展和关键器件的开发应用，雷达导引头由原来的简单非相参体制向着具有复杂信号形式、先进信号处理技术的全相参体制发展；其形式也由传统机械扫描发展为电扫的相控阵形式，并逐渐朝着智能化的方向发展[2]。

1 低截获雷达导引技术

低截获概率（LPI）雷达[3]定义为，雷达探测敌方目标的同时，敌方截获到雷达信号的概率最小。对于雷达导引头而言，低截获意味着雷达发射信号不易被敌方干扰机截获，进而无法对导引头探测实施有效干扰，因此，采用低截获雷达体制是提高雷达导引头抗干扰能力的有效途径。

20 世纪 70 年代，施里海尔（Schleher）提出了截获概率因子[4]这一概念，使得低截获概率雷达的低截获性能得到定量的分析。截获因子 α 是截获接收机能够检测到 LPI 雷达的最大距离与 LPI 雷达可检测到目标的最大距离的比值，即

$$\alpha = \frac{R_I}{R_r} \tag{1}$$

式中，R_I 为截获接收机的最大作用距离；R_r 为 LPI 雷达的最大作用距离。

由式（1）可知，当 $\alpha > 1$ 时，截获接收机探测距离大于雷达的探测

距离，截获接收机占优势，雷达就有被干扰和摧毁的危险；当 $\alpha<1$ 时，截获接收机探测距离小于雷达的探测距离，这时雷达截获接收机不能探测到雷达的存在，而雷达能探测到截获接收机运载平台，雷达占优势，这样的雷达就称为 LPI 雷达。容易看出，α 越小，雷达的反截获能力越强。通过分析雷达导引头作用距离方程[1]与接收机截获方程[4]，可以给出影响截获因子的变量关系式如下式所示：

$$\alpha = \left[\frac{1}{4\pi}\frac{P_t^2}{P_{av}kT_0F_iB_i}\frac{F_r}{F_i}\frac{B_r}{B_i}\frac{L_r}{L_i^2}\frac{\lambda^2}{\sigma}\frac{\gamma_r}{\gamma_i^2}\frac{G_{ti}^2G_i^2}{G_t^2}\right]^{1/4} \quad (2)$$

式中，P_{av} 为雷达导引头发射的平均功率；P_t 为峰值功率；F_r 和 F_i 分别为雷达导引头和截获接收机的噪声系数；B_r 和 B_i 分别为雷达导引头和截获接收机的带宽；L_r 和 L_i 分别为雷达导引头和截获接收机的系统损耗；γ_r 和 γ_i 分别为雷达导引头和截获接收机的检测信噪比；G_{ti} 为雷达导引头的发射天线在侦察接收机方向上的增益；G_r 和 G_i 分别为雷达导引头和截获接收机天线增益；λ 为雷达信号波长；σ 为目标的雷达散射截面积。

通过对式（2）的分析可知，雷达导引头实现低截获的途径有以下几种：

（1）降低雷达导引头的峰值功率及峰均功率比。

对于传统的基于峰值功率检测的侦察接收机而言，截获接收机的探测性能取决于雷达信号的峰值功率，而雷达导引头对目标的探测性能取决于信号的平均功率。所以，要想提高雷达导引头的低截获性能，就必须在保证平均功率不变的情况下尽可能降低峰值功率，即降低峰均功率比。当雷达导引头采用大时宽带宽积信号时，它的平均功率接近于其峰值功率，此时这种雷达导引头的抗截获性能是比较好的。

（2）降低天线的旁瓣。

雷达导引头天线的旁瓣辐射为敌方截获雷达信号提供了有利的条件，即使旁瓣辐射的能量很微弱，敌方的截获侦察接收机也能侦察到信号，雷达导引头就有被截获的危险，并且敌方的截获接收机也能从旁瓣进行干扰。因此，降低雷达天线的旁瓣增益，是实现雷达导引低截获性能的方法之一。

（3）采用大时宽带宽积信号。

由上面的分析可知，截获因子在发射信号时宽一定的情况下，与时宽带宽积成反比。雷达导引头发射的信号时宽带宽积越大，敌方的截获侦察接收机要想截获到信号，必须具备更大的带宽。如果截获侦察接收机的信号时宽带宽较小，在对雷达信号进行截获的过程中，会出现失配，截获侦察接收机就很难截获到雷达信号。因此，增大雷达导引头发射信号的时宽带宽积，可以避免雷达导引头信号被截获接收机截获。在实际的应用中，经常选用线性调频、相位编码、频率编码和基于多载波技术与 PN 调制技术结合的正交频分复用（OFDM）波形等具有大时宽带宽积的信号作为雷达导引头的工作波形[5]。

（4）设计雷达导引头工作波形。

多脉冲相关处理一直是雷达信号处理的优势，在脉冲之间采用不同的编码，使得干扰机难以根据当前脉冲预测下一个脉冲的编码形式，从而不能实施有效的超前欺骗干扰。此外，采用重频抖动或参差模式，可以有效抑制同步干扰信号。因此，脉冲串编码集合设计与重频抖动信号处理方法设计成为 LPI 波形设计的一部分。

2 MIMO 雷达导引技术

MIMO 雷达又称多输入/多输出雷达，它在发射端和接收端使用，具有多个发射和接收天线。与相控阵雷达不同之处在于相控阵雷达以提高信号处理增益为目的，发射的是相参信号；MIMO 雷达为实现空间分集，发射信号在时域上是正交的[6]。

设 MIMO 雷达具有 M 个发射天线阵列和 N 个接收天线阵列，第 m 个发射天线发射波形为 ϕ_m，则它与第 k 个天线发射波形正交[7]：

$$\int \phi_m(t)\phi_k^*(t)\mathrm{d}t = \begin{cases} 0, m \neq k \\ 1, m = k \end{cases} \tag{3}$$

在每个接收天线中，这些正交波形被 M 个匹配滤波器接收处理，因此提取的信号总数为 MN。考虑一个远场点目标，则目标回波信号响

应等价于通过一个 MN 天线阵元的天线阵列接收到的目标响应,将这 MN 元阵列称为虚拟阵列,是传统 N 元阵列天线的 M 倍。MIMO 雷达正是通过发射正交波形增加虚拟阵列的自由度,等价为天线具有更大的孔径,进而提升空间分辨率[8]。

通过分析,采用 MIMO 工作体制的雷达导引头具有以下优势:

(1) 采用多个发射端同时发射多路正交信号,增加干扰机帧收和分选信号的难度,提高雷达导引头的抗干扰能力。

(2) 发射子阵采用相互正交的发射信号,由于各子阵信号的正交性,在空间将不能同相位叠加合成高增益的窄波束,而是形成低增益宽波束,极大地提高了雷达导引头的低截获概率。

(3) 通过虚拟阵元扩大天线虚拟孔径,形成更窄的主瓣波束及更低的旁瓣,提高雷达导引头的角度分辨率及对微弱目标的检测能力。

(4) 采用正交发射波形的空时信号自适应处理算法自由度更大,提高了导引头对低速运动目标的检测能力及杂波的空间分辨率。

由于 MIMO 雷达导引头发射正交波形带宽是相控阵雷达导引头的 N 倍,在匹配接收时接收机带宽也增加了 N 倍,因此,信噪比为相控阵的 $1/N$[9]。在发射功率相同的条件下,MIMO 雷达导引头作用距离较近。所以,MIMO 雷达导引头在工作时可采用以下工作模式:远距时工作在传统的相控阵体制下,每个子阵均发射相同工作波形,用以提高导引头的作用距离;近距时采用 MIMO 工作体制,各子阵发射正交工作波形,提高雷达导引头的抗干扰能力。

考虑到弹载环境下对导引头体积和质量限制严格,通常采用集中式 MIMO 雷达设计,即发射阵元和接收阵元空间分布紧凑,采用共口径设计。图 1 给出了 MIMO 雷达导引头的组成原理框图(图中实线为发射部分,虚线为接收部分),由该图可知,MIMO 雷达导引头主要由多通道相控阵天线、驱动功放、接收机、信号处理机、频率综合器和电源组成。导引头工作时由信号处理机 DDS 电路输出频率和相位满足要求的 N 路中频信号经频综和驱动功放上变频、放大后送给 N 路 T/R 组件,然后经 N 路发射子阵发射出去;回波信号首先经 N 路接收子阵接收,然后送到接收机进行下变频处理,再经 N 路匹配滤波器组后进行 STAP 和 DBF 等信息处理,抑制杂波、对抗干扰并提取目标信息。由于发射波形分集的增加,相比传统相控阵雷达空时处理,MIMO 雷达空时处理由空时两维空间扩展到空时码(波形)三维空间,导致计算量和复杂度急剧上升,工程实现困难。因此,必须研究高效的降维处理技术,使其既满足弹载条件下雷达信号处理的实时性要求,又具有良好的杂波抑制能力。

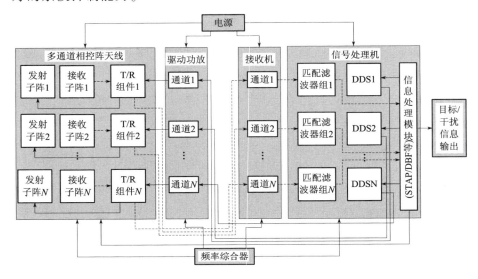

图 1 MIMO 雷达导引头组成原理框图

3 认知雷达导引技术

认知雷达是引入并模仿人类认知特性的新一代智能雷达系统,具有自适应的接收和发射系统,通过与环境的不断交互和学习,获取环境的信息,结合先验知识和推理,不断地调整接收机和发射机参数,自适应探测目标,旨在提高雷达在复杂、时变以及未知电磁环境和地理环境下的探测性能。认知雷达是一种智能雷达,是公认的未来雷达。将认知雷达技术应用到雷达导引头中,无疑可有效提高导引头对背景杂波和干扰等复杂战场环境下的适应能力。

认知雷达导引头的探测方法与常规导引头不同之处在于前者采用自适应算法智能选择工作波形参数，从而适应复杂的电磁环境，而后者的工作波形是预先设定好的。认知雷达导引头的组成原理框图如图2所示，它主要由天线、智能接收机、智能发射机和知识辅助信号处理机组成。其工作原理是：雷达导引头通过先验信息设计发射波形，工作波形经过目标环境反射，携带着环境信息的回波信号被天线和接收机接收，通过对回波信号的接收和处理提取更多的信息作为下一次发射的先验信息，更新发射波形，如此循环。通过以上论述可知，认知导引头关键组成部分是基于知识辅助的信息处理系统，它以知识辅助系统为基础，其中的知识包括与雷达相关的全部先验信息，如目标、干扰、噪声、杂波的模型和数据等。对环境状态的实时估计通常采用基于模型-滤波的贝叶斯估计方法得到，得到的信息用于反馈更新知识库并实时优化发射波形。

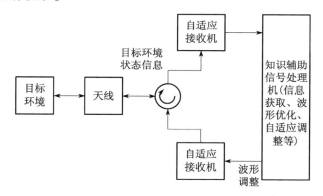

图2　认知雷达导引头组成原理框图

认知雷达导引技术是一个崭新的发展方向，尚处于初级研究阶段，环境动态数据库发展和完善、知识辅助算法设计和自适应波形生成技术是后续研究需要重点关注的内容。

4　雷达导引技术发展的关键技术

通过上文的论述可知，为了适应日益复杂的战场环境，雷达导引系统主要朝着复杂化、智能化和信息化的方向发展，其抗干扰能力进一步增强，但同时对系统的软件和硬件设计要求更高。制约雷达导引技术发展的关键技术如下：

（1）小型化结构设计。微波技术、现代数字技术和超大规模集成电路技术的快速发展，为雷达导引系统技术发展提供了有力的硬件平台，但受弹载平台空间限制，导引头的体积和质量不能太大。因此，在追求提升导引头性能的同时，不应额外地增加体积和质量。研制小型化微波组件和信息处理系统，并考虑各分系统功能整合，是实现小型化导引头结构设计的关键。

（2）最优工作波形设计。工作波形决定了导引头的作用距离、分辨率和抗干扰能力等关键性能。上文论述的三种雷达导引技术发展方向对工作波形设计均提出了苛刻的要求，要求工作波形具有大时宽带宽积、正交性和自适应性等特征。因此，如何根据使用要求确定工程可实现的高效、稳健的最优工作波形直接决定了未来雷达导引头的工作性能。

（3）自适应信息处理算法设计。未来雷达导引头采用的工作波形和工作体制趋于灵活和多样性，一方面，这使得信息处理系统要处理的信息量剧增，由传统的时域扩展到空时域，信号处理的自由度随之增大；另一方面，杂波抑制和干扰对抗成为信息处理算法的核心内容，空间谱估计、空时自适应处理、数字波束成形、最优估计等算法的采用导致了信息计算量的增加，而导引头作为末制导武器的关键部件，对信息处理的实时性要求较高。因此，降低计算量，研究实时性好、适合雷达导引头工程应用的自适应信息处理算法是未来雷达导引系统发展的关键因素。

5 结束语

现代战争向着全方位、多层次、立体化、多兵种合作作战的方向快速发展，战场环境变得日益复杂，各种隐身目标、反辐射武器、有源/无源干扰设备不断涌现，作战地理地貌复杂多变，使得传统的雷达导引系统面临着威胁和挑战。这也迫使用于战术制导的雷达导引头不断寻求新的发展方向，逐渐提升其抗干扰能力和环境适应性。精确制导技术的发展,推动了新概念、新体制雷达系统的发展,未来雷达导引头必将是数字化、软件化、智能化和信息化的系统,具有探测复杂目标能力强、抗干扰能力强、复杂环境能力适应强、探测精度高等显著特点。

参考文献

[1] 吴兆欣. 空空导弹雷达导引系统设计 [M]. 北京:国防工业出版社,2007.

[2] Guerci J R. Cognitive radar:a knowledge-aided fully adaptive approach [C]. IEEE Radar Conference, Washington, 2010.

[3] 张锡熊. 低截获概率(LPI)雷达的发展 [J]. 现代雷达,2003(12).

[4] Schleher D C. Low probability of intercept radar [C]. IEEE Inter. Radar Conf. (CH2076~8/85), 1985.

[5] 倪敢峰. 低截获概率雷达技术研究 [D]. 南京:南京理工大学,2007.

[6] Fishiler E. Performance of MIMO radar systems:advantages of angular diversity [C]. Proc. 38th Asilomar Conf. Signals, Systems and Computers, 2004.

[7] Jian Li. MIMO 雷达信号处理 [M]. 北京:国防工业出版社,2013.

[8] Forsythe K. Multiple-input multiple-output (MIMO) radar:Performance issues [C]. Proc. 38th Asilomar Conf. Signals, Systems and Computers, 2004.

[9] 李军. 正交波形 MIMO 雷达信噪比分析 [J]. 电子测量与仪器学报,2009(6).

[10] 王少锋. 空面制导武器捷联惯性技术发展趋势展望 [J]. 飞航导弹,2015(12).

[11] 冯子昂,胡国平,周豪,等. 阵列雷达低角跟踪技术分析与展望 [J]. 飞航导弹,2016(3).

[12] Joseph R. 认知雷达——知识辅助的全自适应方法 [M]. 北京:国防工业出版社,2013.

[13] 王晓科,冯周江. 低频制导雷达在防空导弹武器系统中应用研究 [J]. 上海航天,2015,32(3).

[14] 李伟忠,刘明娜,姚勤. 红外成像导引头目标检测识别共性技术综述 [J]. 上海航天,2015,32(1).

[15] Baldygo W. Artificial intelligence applications to constant false alarm rate (CFAR) processing [C]. IEEE Inter. Radar Conference, 1993.

从外军装备的作战使用和技术改进看精确制导技术的发展

李尚生 李炜杰 付哲泉 邹翰锋

本文分析了外军精确制导武器的作战使用和技术发展特点，梳理总结了精确制导技术的主要发展方向，有助于了解主要国家精确制导武器和精确制导技术的最新发展，同时对我国精确制导技术的发展具有借鉴意义。

引 言

2015年10月至12月，俄罗斯空军用3M14口径巡航导弹和X-101空射型巡航导弹等远程精确制导武器，对叙利亚境内的"伊斯兰国"恐怖组织（ISIS）成功进行了远程精确打击，再次证明了精确制导武器在现代战争中所处的主导地位。为在未来军事斗争中占据优势，各军事大国都在大力发展精确制导武器和精确制导技术。2009年美国国防部启动了远程反舰导弹（LRASM）项目[1]，目的是在未来战争空海一体的战略大背景下，为海军提供可进行远程精确打击的新型反舰作战力量，项目中特别突出了强敌作战背景下的自主作战能力。LRASM项目2009年5月完成了弹载传感器的系列挂飞试验，2013年8月完成了LRASM由B-1B轰炸机发射的自由飞行试验，预计LRASM将于2017年交付美国海军，2018—2019年达到作战就绪状态。从2004年开始，美国海军多次对"战斧"Block 4巡航导弹进行了升级改造，经过升级改造后的"战斧"Block 4巡航导弹作战性能不断提高，更能适应不同的作战需求。本文通过对近期精确制导武器的实战使用，及外军精确制导武器发展规划和技术改进的分析，归纳精确制导技术的发展方向，为国内精确制导武器和精确制导技术的发展提供借鉴。

1 突出天基信息支援系统的作用

精确制导武器依靠多种传感器获取飞行线路和攻击的特征信息，而这些传感器的工作又受到气象环境、战场电磁环境等因素的影响，需要在攻击过程中不断向精确制导武器提供各种信息支援。而现代精确制导武器射程远（几千甚至上万千米），靠电子战飞机等空中或地（舰）面信息系统无法对其进行全程信息支援，最好的选择就是利用通信卫星、侦察卫星、气象卫星等天基信息平台，向飞行中的精确制导武器提供准确的导航、侦察、通信、气象等信息服务。2015年俄罗斯空军成功进行远程精确打击叙利亚ISIS的军事行动，有力地证明了天基远距离信息支援系统对远程精确制导武器发挥的重要作用。在整个军事行动中，GLONASS 卫星导航系统为武器发射平台提供高精度导航定位和时间同步信息，为制导武器提供实时导航信息。"闪电"-3 军用通信卫星为整个军事行动提供通信支援。"琥珀"-4K2 系列侦察卫星提供打击目标的精确信息，行动前利用侦察卫星对叙利亚全境实施战前大面积成像侦察，对要打击的重点目标进行精确测绘[2]。气象卫星提供可靠的战场气象信息，为精确制导武器正确选择传感器类型提供气象依据。

2 重视与外部信息源的快速信息交换

现代精确制导武器射程远，空中飞行时间长，而战场态势瞬息万变，对于打击移动目标的反舰导弹、巡航导弹而言，仅靠发射前装订的制导信息很难在快速变化的复杂战场环境下发挥最佳的作战效能。同时，由于受体积、重量和搭载平台等因素的限制，弹载传感器获取目标和战场环境信息的能力有限，仅靠弹载传感器很难准确感知战场态势。一个很好的解决方案就是充分利用卫星、电子战飞机以及舰载（地面）预警探测系统的信息资源，来弥补弹载传感器获取信息能力的不足。在导弹飞行过程中，通过弹载数据链系统与外部信息源进行快速数据交换，不断更新攻击目标和战场态势信息，使精确制导武器获取的目标和背景信息与真实战场环境匹配，从而最大限度地发挥精确制导武器的作战效能。多弹协同攻击时的弹间协同也是通过数据链实现的。因此，发展快速高效弹载数据链系统，使导弹能够在飞行过程中与外部信息源和指挥控制系统进行快速信息交换，是精确制导武器发展的重要方向。正是看准了快速高效数据链对精确制导武器作战效能发挥的重要意义，美国海军在对"战斧"Block4 导弹进行升级改造时，重点对其数据链系统进行了提速升级改造，并于 2014 年 2 月在美国海军"斯特赖特"号驱逐舰上成功进行了数据链系统升级改造后的导弹试射。

3 强调高度的自主作战能力

虽然利用天基信息支援系统和弹载数据链系统能提高精确制导武器的作战效能，但这些都是通过无线电系统进行信息传输的，容易受到敌方的电子干扰。近年来，已有多个通过电子干扰手段使依靠无线电系统工作的高价值作战平台或武器系统失效的案例。考虑到与强敌作战受到电子干扰时导弹将无法从天基信息平台和弹载数据链系统获取支援信息，除提高弹载卫星导航接收机和数据链路系统的抗干扰能力以外，精确制导武器必须能够依靠自身的自主导航设备和弹载传感器探测攻击目标信息，以确保在导航卫星、数据链系统等外部信息源完全切断的情况下，自主完成对导弹的制导任务。基于以上考虑，美国的 LRASM 项目中虽然也有卫星导航、数据链路设备，但也明确提出要重点研究先进的弹载传感器技术和信息处理技术，实现对目标的精确探测、识别与跟踪。弹载传感器技术发展的重点是精确惯性制导和复合导引头技术。

3.1 精确惯性制导技术

在自主制导系统中，惯性制导具有工作隐蔽、制导精度高、抗干扰能力强和不受外部环境的影响等特点，被广泛应用于精确制导武器，如"战斧"巡航导弹、"捕鲸叉"和"飞鱼"反舰导弹都采用了惯性制导。惯性制导系统分为平台式和捷联式两种类型，平台式惯性制导系统的陀螺仪和加速度计安装在陀螺平台台体上，并以平台坐标系为基准测量导弹运动参数，因此导航计算简单，计算精度高，但设备复杂。捷联式惯性制导系统的加速度计和陀螺仪直接安装在弹体上，测量导弹相对弹体坐标系运动参数，经计算确定制导信息，具有设备简单、可靠性高等优点。为提高惯性制导系统的制导精度，各国都在大力研究高精度陀螺仪技术、惯性制导系统误差分析与补偿技术、复合制导技术、零膨胀系数腔体材料技术等。激光陀螺、光纤陀螺、静电陀螺等先进的高精度陀螺仪相继研制成功并应用于反舰导弹、巡航导弹制导。

3.2 多模复合导引头技术

对于打击移动目标的精确制导武器，需要在末段利用导引头对目标进行搜索、捕获与跟踪。根据导引头所用传感器类型不同，分为主动雷达、被动雷达、红外成像、激光、电视导引头等。不同类型的导引头具有各自的优点，同时也具有各自的缺陷，如主动雷达导引头具有获取目标信息全面、全天候工作、跟踪精度高等优点，但工作时主动辐射电磁波易暴露，易受到敌方电子干扰；被动雷达导引头工作隐蔽，作用距离远，但无法获取目标的距离信息；红外成像导引头工作隐蔽，制导精度高，目标识别能力强，但作用距离近，且易受天气影响。为充分利用各类导引头的探测优势，相互取长补短，将不同类型的导引头组合成多模复合导引头。目前应用最多的是双模复合导引头，如中国台湾"雄风-2"反舰导弹和美国RIM-116"拉姆"舰空导弹采用雷达/红外复合导引头，既发挥了雷达导引头作用距离远、全天候工作的优点，又发挥了红外导引头工作隐蔽、制导精度高的优势；苏联的"日炙"反舰导弹采用雷达主动/被动复合导引头，既具有被动导引头的远距离探测和工作隐蔽的优势，又具有主动雷达导引头制导精度高、获取目标信息全面的优点，大大提高了精确制导武器的作战效能。个别先进的精确制导武器甚至采用了三模复合导引头。

4 提高武器系统的隐身与反隐身性能

现代舰船、飞机等高价值作战平台都采用隐身设计，对隐身目标的探测和攻击能力是对现代精确制导武器的基本要求。精确制导武器为了隐蔽突防，自身也必须具有良好的隐身性能，避免被敌方防御系统过早探测到。因此，提高隐身与反隐身性能是精确制导武器发展的重要方向。如美国的LRASM项目中最初有两个选择方案，方案A是亚声速方案，方案B是超声速方案，最后选择亚声速方案的重要原因就是基于导弹隐身性能的考虑。

4.1 精确制导武器的隐身技术

隐身技术是指通过控制导弹的信号特征，使其难以被发现和识别的技术。根据探测器类型不同，隐身技术又分为雷达、红外、光学隐身技术等。隐身技术主要包括精确制导武器的隐身设计和弹载传感器的低可探测性设计技术等。

（1）精确制导武器的隐身设计

精确制导武器的隐身设计包括雷达隐身设计、红外隐身设计等。雷达隐身设计是指通过对弹体结构外形进行优化设计，或采用吸波材料、频率选择面天线罩技术、阻抗加载技术、等离子体隐身技术等，降低被雷达探测时的 RCS，实现雷达隐身效果。如俄罗斯最新设计的 X-59MK2 空地导弹，弹体前端就采用了非圆截面隐身弹体外形设计[3]，比传统的弹体外形设计降低了 RCS。红外隐身设计是指采用发动机红外特征抑制技术，降低导弹发动机的红外特征，或采用红外隐身材料在导弹表面形成红外隐身涂层，阻止导弹辐射的红外线向外辐射，实现导弹的红外隐身。如法国和意大利联合研制的"奥托马特"-3 反舰导弹，就采用了在导弹外表面涂覆雷达吸波材料和减少发动机红外辐射特征的技术措施，提高红外隐身效果。有时导弹等精确制导武器的隐身外形设计会与导弹的超声速突防等外形设计相矛盾，这时就要根据总体战技术要求对某些方面进行取舍。如美军的 LRASM 项目中，方案 A 是亚声速，但导弹的隐身性能好；方案 B 是超声速方案，但隐身性能较差，当超声速性能和隐身性能不能兼顾时，选择了方案 A，说明美军更注重导弹的隐身突防性能。

（2）弹载传感器低可探测性设计

降低导引头等弹载传感器的辐射信号特征，使敌方预警探测系统不能及时探测到传感器的辐射信号。一般采用以下技术措施：①采用被动雷达、红外成像、电视等被动探测系统，由于不主动向外辐射能量，也就不容易被侦察到。但被动探测系统无法获取探测目标的距离信息，常作为辅助探测手段使用。②主动雷达导引头采用低可探测性设计技术，如采用相参积累和发射功率控制技术，使雷达发射有效峰值功率最小化，降低被敌方侦察截获的概率；雷达发射机采用隐身波形探测目标，发射信号的频率、脉宽、脉冲重复周期等波形参数随机变化，使敌方侦察系统难以对辐射信号进行分类、识别和告警。③减少主动雷达开机暴露时间，如采用主动/被动雷达复合导引头，在远距离上利用被动导引头隐蔽探测并引导导弹飞行，当接近目标时主动雷达导引头开机，精确探测目标并引导导弹攻击，这时即使被敌方探测到雷达辐射信号，由于时间短也来不及组织有效地防御。如俄罗斯的"日炙"SS-N-20反舰导弹就采用了主动/被动雷达复合导引头[4]，在远距离上用被动系统，在近距离上用主动雷达探测目标。

4.2　精确制导武器的反隐身技术

未来精确制导武器的打击对象将以隐身目标为主，反隐身技术将是未来精确制导武器发展的重点方向，包括先进的传感器和数据处理技术、多传感器融合探测技术等。

（1）先进的探测器和数据处理技术

发展先进的探测技术，提高对隐身目标的探测能力是反隐身技术的核心。如采用冲激雷达、双（多）基地雷达、谐波雷达等新体制探测系统，或在现有雷达体制基础上采用大时宽脉冲压缩、恒虚警处理等技术，提高雷达对隐身目标的探测能力。美军在LRASM项目中的重点内容之一，就是发展先进的弹载传感器和数据处理技术，增强对目标的探测与识别能力，适应导弹对隐身目标的攻击。

（2）多频段、多类型传感器融合探测技术

任何隐身技术都是对特定工作频段、特定类型的传感器有效，如外形设计或吸波材料隐身技术只对主动雷达有效，而对被动雷达或红外等光学探测器无效。红外特征隐身仅对红外探测器有效，而对雷达无效。无线电静默或辐射信号功率控制隐身只对被动雷达有效，而对主动雷达或光学探测器无效。若采用雷达、光学、声学等不同类型的探测器，从（卫）星载、机载、舰载等不同的平台对隐身目标进行探测，再由融合中心对来自不同传感器的探测信息进行融合处理，可以实现对隐身目标的精确探测。对弹载传感器，采用多模复合导引头可以提高对隐身目标的探测能力。如美国的"海麻雀"AIM-7R 舰空导弹采用主动雷达/红外复合导引头，俄罗斯的 3M-80E 反舰导弹采用主动/被动雷达复合导引头，美国正在研制新型雷达/红外成像复合导引头，准备用于对"捕鲸叉"反舰导弹进行改进，这些导引头都有很好的反隐身能力。

5 提高武器系统的智能化水平和抗干扰能力

精确制导武器通过无线电和光学传感器获取目标和战场环境信息，对获取信息进行智能化信息处理，实现对目标的识别和分选，引导导弹进行攻击。为适应现代战场复杂的电磁环境，提高智能化水平和抗干扰能力是精确制导武器发展的重点方向。从国外精确制导武器的发展过程来看，新型导弹的技术发展和对现役导弹的升级改造，大部分都是围绕提高导弹的智能化水平和抗干扰能力进行的。如美国的 LRASM 项目中关注的重点就是导弹的智能化和抗干扰能力。美军对"战斧"Block4 巡航导弹进行升级改造也主要是围绕提高 GPS 接收机、数据链和导引头的抗干扰能力，以及导引头的智能化信息处理能力。

6 结束语

本文通过近期俄罗斯打击叙利亚境内 ISIS 组织的作战行动和主要国家精确制导武器研制和技术改进的梳理，总结了目前精确制导技术发展的几个主要方向，即重视利用陆、海、空、天等多平台信息资源，发展快速高效弹载数据链技术，发展先进的弹载传感器技术，提高武器系统的隐身与反隐身性能，提高武器的智能化水平和抗干扰能力等，对目前我国精确制导技术的发展具有借鉴意义。

参考文献

[1] 文苏丽，苏鑫鑫，刘晓明. 美国远程反舰导弹项目发展分析 [J]. 飞航导

弹，2015（4）.

［2］王俐云，孙亚楠，钟选明. 俄对叙的远程精确打击作战及天基信息应用探析［J］. 飞航导弹，2016（2）.

［3］宋怡然，何煦虹，文苏丽，等. 2015年国外飞航导弹武器与技术发展综述［J］. 飞航导弹，2016（2）.

［4］毕开波，杨兴宝，陆永红，等. 导弹武器及其制导技术［M］. 北京：国防工业出版社，2013.

基于 MEMS 技术的捷联惯导系统现状

赵天贺　汪　伟

　　基于 MEMS 技术的捷联惯导系统（SINS）被广泛应用于生活中和军事上。本文介绍了 MEMS 技术的发展现状，对由 MEMS 传感器组成的惯性测量元件（IMU）以及其构型特点进行了概括，并对捷联惯导系统在实际生活中的应用做了总结。最后，分析了 MEMS 技术与 SINS 的不足，并对发展方向做了进一步展望。

引 言

捷联惯导系统（Strapdown Inertial Navigation System，SINS）是一种不依赖外部信息，也不向外辐射信息的自主式导航系统。目前，SINS被广泛应用到航空、航天、制导导弹等多个领域，其发展在一定程度上象征着一个国家武器装备的先进程度，引起美国、英国、日本等国家的高度重视。

SINS由惯性测量单元（Inertia Measurement Uint，IMU）构成。IMU由加速度计、陀螺仪和磁力计组成。传统的IMU由于体积大、重量大、价格昂贵等缺点不能大量应用到实际生活中。随着MEMS技术的兴起，MEMS传感器以其低成本、微型化、低功耗等优势开始逐渐被人们应用到IMU领域，并进入了全面的发展阶段。

本文就MEMS技术在SINS领域应用的关键技术进行了介绍，总结了其存在的不足，并对基于MEMS技术的捷联惯导系统的发展进行了展望。

1 MEMS传感器的发展现状

MEMS由半导体制导技术发展而来，采用了类似集成电路技术制造微型器件或系统的手段[1]。MEMS传感器种类繁多，并且应用广泛。IMU应用的MEMS传感器为MEMS加速度计、MEMS角速度计（陀螺仪）、MEMS磁场强度传感器（图1）。

1.1 MEMS加速度计

MEMS加速度传感器是技术最成熟且市场化最成功的MEMS传感器。MEMS加速度传感器可以用来测量物体的加速度，可用于测量人体动作、手机抗振防抖、捷联惯导等领域。目前市场上技术相对成熟的MEMS加速度传感器有压电式、容感式、热感式三种。MEMS加速度传感器具有精度高、稳定性好、抗负载能力强、体积小、低功耗等优点[2]。

图 1　MEMS-IMU 示意图

美国 ADI 公司研制开发的 ADXL206 双硅微加速度传感器，量程大、体积小；Litton 公司设计的 Litton SiACTM 加速度计，采用双硅结构；德国 Litef 公司生产的 B-290 加速度计，具有优良的偏稳定性。上述三种传感器在导航和制导领域有非常广泛的应用[3]。

1.2　MEMS 角速度计

MEMS 角速度计又名 MEMS 陀螺仪，用来测量角速度，具有灵敏地感知角度变化的能力，是最初带动导航技术取得革命性突破的关键性技术。为了达到微型化、低成本的目的，美国研制出了第一个 MEMS 陀螺仪 ADRXS。随着 MEMS 技术的不断提高，MEMS 的精度有了质的飞跃，并且抗过载能力差的缺点也得到了改善。市场上技术比较成熟的 MEMS 陀螺仪有 InvenSense 公司研制的 MPU-330 三轴高精度陀螺仪和 SENSONOR 公司量产的型号为 STM202 的一款高精度的 MEMS 陀螺仪。

1.3　MEMS 磁场强度传感器

MEMS 磁场强度传感器是一种微型化的电子罗盘，用于测量地球各地磁场的变化。新技术下的该类传感器配合 MEMS 加速度计和 MEMS 陀螺仪可以构成 9 个自由度的模块，在导航和制导技术中起到非常重要的作用[4]。2 mm×2 mm×1 mm 的 LIS3MDL 磁场强度传感器是目前最常用的磁力计之一[5]。

2 IMU 的构型设计现状

IMU 的构型设计是 SINS 技术提升的一项关键技术，根据不同设备在精度、成本、体积以及功能方面的不同要求，需要采用不同的 IMU 构型[6]。目前提高 IMU 精度是国外研究的热门话题。9DOF-IMU 构型是一种精度较高且 MEMS 传感器应用全面的构型设计。由于 MEMS 陀螺仪的技术问题，仍存在抗过载能力达不到要求或灵敏度差的缺点，不断有学者提出无陀螺的 SINS 构型。在应用过程中，人们又提出了将 MEMS 磁场强度传感器与加速度计或者与陀螺仪结合的构型方式。

2.1 9DOF-IMU 构型设计

9DOF-IMU 构型是目前应用最广泛、精度最高的 IMU 构型设计之一，由一个 3 轴 MEMS 加速度计、一个 3 轴 MEMS 陀螺仪和一个 3 轴 MEMS 磁场强度传感器组成。Choi 等人利用 9DOF-IMU 进行自动控制飞行，并对航姿解算方法进行比较[7]。

图 2 展示的是一种类型的 9DOF-IMU，其通过加速度计与陀螺仪测得的角速度、线加速度数据，通过高速计算机的高速积分及误差分析，获得精确的速度、角度以及位移信息，并与 MEMS 磁场强度传感器测量的磁场强度对比，获得装备的位置信息和速度信息。

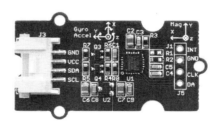

图 2 9DOF-IMU 示意

较之传统的电子罗盘、加速度计、陀螺仪组合的导航系统，应用

MEMS 技术组成的 9 轴惯性测量元件不仅在寿命、精度、稳定性上有了提升，还大大缩短了其体积、降低了生产成本，为 IMU 在生活中的大量应用奠定了基础。

2.2 基于 MEMS 加速度计的无陀螺 IMU 构型

生活中往往存在大过载、大加速度的场合，在这种情况下，陀螺仪存在反应迟缓、抗过载能力弱的缺点。为了解决这个问题，开始有学者舍弃陀螺仪，单纯利用加速度计来设计构型。目前存在的加速度计构型有 6 加速度计、9 加速度计、12 加速度计等。加速度计配置的 IMU 通过测得加速度数据，并对测得的数据采用积分等手段进行处理，获得装备的位置、姿态以及速度信息。降低测量结果随时间积累产生的误差，是无陀螺的捷联惯导技术发展的关键所在。Naseri 通过对误差分析，进一步优化了解算结果[8]。Devyatisil 等人对无陀螺 IMU 进行设计，对 3 轴加速度计测量结果进行运算和分析[9]。随着加速度计阵列在解算精度和构型优化设计方法上的不断创新，无陀螺 IMU 会逐步由理论走向实际，在生活中和军事上发挥更重要的作用[10]。图 3 所示为 3 轴加速度计的配置方案。

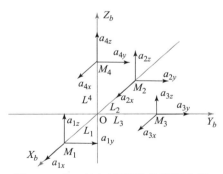

图 3　4 个 3 轴加速度计的配置方案

2.3 其他组合构型设计

为了降低单一传感器在姿态解算过程中所产生的误差，完成特定要求以达到工程应用的目的，不断有学者对 MEMS 加速度计与 MEMS

磁场强度传感器的配置方式和 MEMS 陀螺仪与 MEMS 磁场强度传感器配合的方式进行误差修正和组合方式的改进，从而更好地利用地球磁场取代 GNSS 在导航中发挥作用[11]。采用陀螺仪与磁场强度传感器的组合形式具有测量范围宽、动态范围宽等优点，可以很好地适应弹上环境，并且避免有加速度计的复杂运算过程。加速度计与磁场强度传感器的结合具有可靠性高、反应灵敏的优点，可以与 GPS 等卫星定位系统组合使用。

3　IMU 在惯导系统中的应用

惯导系统被分为惯性导航系统和惯性制导系统两种[12]。导航是有人驾驶和控制的运载体，如舰船、飞机、车辆等提供运载体的即时速度、位置及航向等信息的技术，以便引导运载体按预期轨迹驶向目的地。制导是对无人驾驶、自动控制的运载体，如导弹、火箭、鱼雷、无人机等进行自动控制和引导，使之按预期轨迹运动到达目标的技术。在实际应用中往往将 IMU 与卫星定位系统组合或者应用有磁场强度传感器的 IMU 进行导航。在完成制导过程中应用的主要是后者。

3.1　IMU 与卫星定位系统的组合导航技术

全球 GNSS（Globe Navigation Satellite System，SNSS）主要包括美国的 GPS、俄罗斯的 GLONASS 以及我国独立设计运行并开始正式向亚太地区提供定位等服务的"北斗"二代和欧洲正处于研发实验阶段的 Galileo 系统[13]。GNSS 可以完成全天候、不受天气影响的高精度的导航任务，但是如果汽车、舰艇等装载导航接收器的装备暴露在城市高层、峡谷、桥洞以及森林树丛中时，会出现卫星被遮挡的现象，不满足 4 星定位的技术要求。为了更好地解决这一问题，人们提出将基于 MEMS 技术的 SINS 与 GNSS 结合的观点[14]。并且随着 MEMS 技术水平的不断提高，IMU 体积越来越小，精度越来越高。组合导航技术不仅继承了 GNSS 技术精度、导航误差不随时间积累的优点，还可以通过 SINS 技术弥补卫星被遮挡而造成误差的缺点。

目前，组合导航技术的发展方向主要有两个方面。一方面是 GNSS 与 SINS 独立工作，SINS 进行装备的姿态信息测量及解算，GNSS 为惯导提供实时修正，避免惯导因为时间积累造成过大的误差。另一方面，当卫星被遮挡时，为避免数据被浪费，通过 IMU-SINS 和 GPS 的信息融合，实现 GPS 在单颗卫星情况下的组合定位[15]。

3.1.1 SINS 和 GNSS 独立工作的组合导航系统

SINS 和 GNSS 独立工作的组合导航系统是目前比较成熟并且应用领域比较广泛的一种方式。SINS 和 GNSS 独立工作的组合导航系统的工作原理是以人造卫星的无线电导航系统为基础，无论在任何位置、任何时间，也无论多么复杂的天气状况，只要能同时观测到 4 颗以上的卫星，便可得到精确的位置和速度信息，并且其精度不会因为时间的推移而发生变化[16]。同时，SINS 独立进行工作，可以在 GNSS 出现收星数目不能满足要求时继续进行导航。为了解决 SINS 存在误差随时间累积的不足，GNSS 系统会周期性地对 SINS 发送数据，通过卡尔曼滤波技术对 SINS 得到的与接收的数据进行融合，从而使导航系统能够在恶劣的环境下继续工作。如图 4 所示。

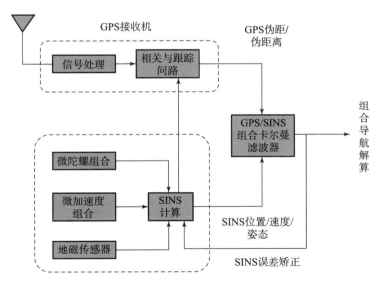

图 4　基于 MEMS 的 GPS/SINS 组合导航结构图

3.1.2 SINS 和 GNSS 信息融合的组合导航

传统的 GNSS 技术必须同时接收 4 颗以上卫星传递数据的时候才能进行实时导航，当卫星数目不能达到要求时，GNSS 不能进行导航定位，此时的工作方式是利用单纯的 SINS 方式进行导航。此时 GNSS 接收到的卫星信息则被白白浪费。有人提出一种 MEMS-INS/GPS 单星组合定位的方法，利用 MEMS-SINS 在短时间获得的精确的位置姿态初数据和 GPS 在复杂环境下接收到的单颗卫星的测量信息，通过建立单星组合定位的误差方程和建立卡尔曼滤波器的手段，得到两种不同手段测量信息的最优融合方式，实现在只能观测到单颗卫星的情况下的精确导航功能，既节省了测量信息，同时提升了定位精度。其基本工作流程如图 5 所示。

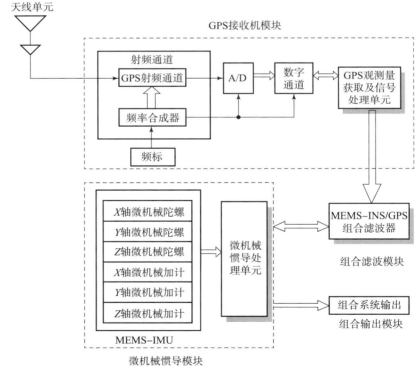

图 5 MEMS-INS/GPS 双星组合定位系统工作流程

3.2 单纯应用 SINS 的导航技术

与 GNSS 组合的惯导系统在军用和民用领域应用非常广泛，但是卫星导航系统在军事领域的使用存在一定的局限性。GPS 应用最为广泛且精度较高，但主要应用在民用领域，在秘密武器的研制与使用过程中不宜过多采用 GPS。中国的"北斗"导航系统，技术手段还稍有欠缺。这时，具有高精度且仅需要自身数据就能达到一定精度要求的惯导系统就显得尤为重要。

制导弹药的精度已经达到很高的水平，但由于其体积和成本的制约，仍然无法将 SINS 普及到常规弹药中。随着科技的不断进步，复杂的现代化战场环境更需要提升常规弹药的射击精度，地磁陀螺复合测姿系统误差补偿方法提出对常规弹药进行改进，在其上加装简易制导装置对弹丸的飞行弹道进行修正，通过提升射击精度来满足现代化战场对常规武器低成本、高精度的要求[17]。

2013 年由 Choi 等人提出的基于 9DOF-IMU 的惯性测量系统，利用高精度的 MEMS 加速度计与陀螺仪进行装备角速度和加速度的测量，并通过高速计算机进行解算，获得其姿态、速度和位置信息。2015 年 Ripka 等人提出的基于 MEMS 技术的惯性/地磁组合的导航方法是一种通过惯导系统与地磁导航组合的组合导航技术，这种方式不仅应用到了惯导系统，还应用到了地磁导航系统[18]。它不同于 SINS 与 GNSS 的组合导航方式，SINS 与地磁导航组合的导航所需要的数据来源于自身，然后通过所得的磁场数据与提前存储在计算机里面的磁场数据进行对比，从而能达到导航的目的。

4 对 MEMS–SINS 系统的展望

4.1 MEMS 传感器方面

MEMS 传感器技术的进步是 IMU 取得突破的关键。EMES 加速度计和 MEMS 陀螺仪在未来的发展中，势必更趋于低成本、低功耗。MEMS

加速度计不断向高精度、高量程的方向发展，MEMS 加速度计在结构设计上会不断创新。MEMS 陀螺仪提升稳定性，提高抗过载能力非常重要。随着应用领域的扩大与新技术的产生，会进一步扩大 MEMS 传感器的发展空间。

4.2 构型设计方面

9DOF – IMU 构型是比较成熟、精度较高的构型之一，将 MEMS 传感器焊接在电路板上，可以做成硬币大小，且寿命长，性能稳定。纯 MEMS 加速度计的传感器阵列构型也是人们研究比较的构型设计，短时间内精度高、反应灵敏，但误差随时间积累的问题亟待解决。为了满足不同产品的特定要求，多种多样的构型设计方法层出不穷。随着这一领域的不断发展，体积、精度等方面会有更大的提升空间，使 SINS 的应用领域更加广泛。

4.3 实际应用方面

SINS 技术最早应用于导航，随着 IMU 的体积不断缩小、精度越来越高，SINS 技术功能越来越强大，在武器装备的制导上起着关键性作用。随着技术水平的完善，人们逐步将 SINS 中的 IMU 应用到盲人行走指示、机器人动态测试、无人机导航、电子设备的防抖防振等领域[19]。随着 MEMS 技术的不断进步，捷联惯导系统会更加微型化，给人们带来更多的便利。

5 结束语

导航、制导的研究对于国防和军事具有非常重要的意义，捷联惯导系统是导航、制导的最新研究方向。将 MEMS 传感器应用于捷联惯导系统，大大缩小了捷联惯导的体积，并节省了成本，使捷联惯导系统在日常器件的位置姿态测量和常规武器装备的精确打击目标成为现实[20]。本文通过对捷联惯导系统的组成结构、应用领域进行详细介绍，使读者对该技术有了更全面的认识和理解。我们要不断了解国内外发展动态，认真分析发展趋势，总结经验不足，为捷联惯导的发展做出积极的贡献。

参考文献

［1］谷雨．MEMS 技术现状与发展前景［J］．电子工业专用设备，2013（8）．

［2］陈勇华．微机电系统的研究与展望［J］．电子机械工程，2011，27．

［3］杜小菁．翟俊仪．基于 MEMS 的微型惯性导航技术综述［J］．飞航导弹，2014（9）．

［4］马龙．张锐．苏志刚．磁强计辅助 MEMS 惯性器件的新型数据融合算法［J］．计算机测量与控制，2014，22（8）．

［5］磁力计．MEMS．意法半导体（ST）推出单片磁力计，进一步扩大移动和消费电子应用传感器产品组合［J］．电子设计工程，2013（7）．

［6］Sablin A V．Alekseev V E．Solov'ev A N．Parametric Design and Verification of Inertial Navigation Systems．Russian Microelectronics，2015，12（7）．

［7］Choi M H，Porter R，Shirinzadeh B．Comparison of attitude determination methodologies for implementation with 9DOF，low cost inertial measurement uint for autonomous aerial vehicles［J］．Int J Intell Mechatron Robot，2013，3（2）．

［8］Nseeri H，Homaeinezhad M R．Improving measurement quality of a MEMS – based gyro – free inertial navigation system［J］．Sensors and Actuators A，2014（7）．

［9］Devyatisil A S，Chislov K A．Model of an integrated Inertial – Satellite Navigation System Without Gyroscopes［J］．Measurement Techniques，2016，12（13）．

［10］Larin V B，Tunik A A．On Inertial – Navigation System without Angular – Rate Sensors［J］．International Applied Mechanics，2013，6（4）．

［11］龙礼，张合，刘建敬．地磁陀螺复合测资系统误差补偿方法［J］．火力与指挥控制，2014（7）．

［12］杨立溪．惯性导航与惯性制导［J］．海陆空天惯性世界，2014（1）．

［13］刘华，刘彤，张继伟．陆地车辆 GNSS/MEMS 惯性组合导航机体系约束算法研究［J］．北京理工大学学报，2013，33（5）．

［14］桂延宁，杨艳，成红涛，等．基于 MEMS 惯性传感器和 GPS 接收机组合的高动态弹道参数遥测系统［J］．测试技术学报，2014，28（1）．

［15］Devyatisil'nyi A S，Chislov K A．Integrated Inertial – Satellite Navigation System

Corrected With Observations Of A Single Star [J]. Measurement Techniques, 2013, 7 (4).

[16] 刘剑威, 徐国亮, 王海川. 基于 MEMS 器件的弹载组合导航技术 [J]. 指挥控制与仿真, 2015 (3).

[17] 苑大威, 黄波, 刘伊华. 基于 DSP 的地磁陀螺组合测姿系统 [J]. 兵工自动化, 2014 (2).

[18] Ripka P, Zikmund A. Precise Magnetic Sensors for Navigation and Prospection [J]. Journal of Superconductivity Incorporating Novel Magnetism, 2015, 5 (3).

[19] Steven J Dumble, Peter W Gibbens. Airborne Vision-Aided Navigation Using Road Intersection Features [J]. Journal of Intelligent and Robotic System, 2015, 5 (2).

[20] 于华南, 张勇, 马小艳. 制导弹药用 MEMS 惯性导航系统发展关键技术综述 [C]. 惯性技术发展动态发展方向研讨会, 2011.

考虑几何约束的无人机双机编队相对姿态确定方法

张 旭　崔乃刚　王小刚　崔祜涛　秦武韬

本文针对无人机常用的领航—跟随双机编队飞行控制模式，提出了一种考虑几何约束的相对姿态确定方法。利用飞行器配备的视觉传感器，获得飞行器间及飞行器到目标的视线矢量信息，该方法不需要考虑目标的位置信息，避免了由位置偏差带来的误差。同时，给出了双机编队模式下视觉传感器的测量模型，分析了传感器量测噪声的统计特性，推导了基于几何约束的确定性相对姿态求解方法。仿真结果表明，考虑几何约束的双机编队无人机相对姿态确定方法可以有效估计飞行器间的相对姿态，精度较高，能够满足无人机协同编队飞行控制需求，解决了远距离编队情况下视线矢量共面不可观测问题。

1 引 言

未来战争将是体系与体系之间的对抗,无人机协同编队作战作为一种新型的空战模式受到国内外的广泛关注。所谓无人机协同编队飞行[1,2],就是将多架无人机按照一定的形状进行排列,并使其在整个飞行过程中保持队形不变。无人机协同编队模式有效提高了综合作战效能。无人机协同编队飞行的关键是需要彼此间精确的相对姿态及相对位置信息实现通信与协调控制。目前,用于无人机的惯性导航系统包括全球定位系统(GPS)以及提供惯性位置和姿态信息的惯性测量装置。但 GPS 信号抗干扰性能差,易受到阻塞,而惯性器件数据存在各种漂移,误差随时间累积,其精度往往达不到要求。

近年来视觉导航(VIANAV)[3,4]系统逐步应用到无人机编队飞行、无人机自主空中加油及航天器自主交会对接中,成为国内外学者研究的热点,并取得了相当多的成果,视线矢量信息被广泛应用到相对导航尤其是相对姿态确定中。而后基于视线矢量信息确定姿态的研究引起了人们的广泛兴趣。比较常用的基于矢量观测求解三轴姿态的算法有 QUEST 算法[5-7]和 TRIAD 算法[8-10]。目前,基于多矢量观测的相对姿态确定算法占绝大多数,文献[11]在航天器交会对接末段,通过 CCD 相机采集目标特征点位置,经星载计算机解算出两航天器之间的相对姿态。文献[12]利用扩展卡尔曼滤波(EKF)算法估计基于INS/VIANAV 双机编队无人机相对位置及相对姿态,这种算法的优点是不需要外部传感器,但需要大量的计算,EKF 对初始状态估值很敏感,计算结果易受初值影响发散。文献[13]提出了一种仅使用飞行器间一组视线矢量值确定三机编队无人机相对姿态的方法,但是这种相对姿态求解方法的可观测性取决于飞行器间的几何布置和传感器位置,当所有视线矢量在同一平面时系统是不可观测的。为了克服这个问题,安装在其中一个飞行器上传感器或发射器的位置不能在由其他飞行器的传感器组成的平面内,因而有必要研究基于几何约束的相对姿态求解算法,解决传统基于视线矢量观测的相对姿态确定方法存在共面不可观测的问题。

本文提出了一种考虑几何约束的双机编队无人机相对姿态确定算法，利用矢量观测构成的三角形几何关系建立相对姿态求解模型，分析了视觉传感器模型，给出了传感器量测噪声的统计特性，并进行了数学仿真。

2 考虑几何约束的相对姿态确定算法

本文采用领航—跟随（leader-follower）模式的双机编队控制策略，如图1所示。长机和僚机上都安装有视觉传感器以获取另一个飞行器及目标相对于自身的视线矢量，长机和僚机分别位于各自的体坐标系下，定义为 L 和 F，I 定义为惯性坐标系，每个飞行器的惯性姿态矩阵定义为 A_L^I 和 A_F^I，同理 A_L^F 表示 L 坐标系到 F 坐标系的姿态转换矩阵，因此有

$$A_L^F = (A_F^I)^{\mathrm{T}} A_L^I \tag{1}$$

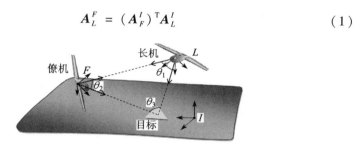

图1 双机编队模型

假设在长机和僚机之间引入平行光束，这样避免了由非平行光束产生的位置偏差，为求解长机和僚机之间的相对姿态，构建场景如图2所示。其中，w_1 表示由 F 指向 L 所在坐标系下的矢量，v_1 表示由 F 指向 L 所在坐标系下的矢量，w_2 表示由 F 指向目标 F 所在坐标系下的矢量，v_2 表示由 L 指向目标 L 所在坐标系下的矢量。w_1 与 v_1 满足如下关系：

$$w_1 = A_L^F v_1 \tag{2}$$

图2中，w_1，w_2，v_1 和 v_2 均表示单位矢量。根据姿态确定原理，

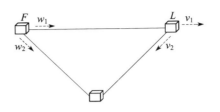

图 2　几何约束矢量图

仅由两飞行器间的一组视线矢量值无法确定三轴相对姿态,还需要知道以视线矢量方向为轴旋转的角度。由图 1 可知,视线矢量构成了三角形的两条边,而且三角形内角和为 180°,如果已知其中的两个角,便可求出第三个角。第三个角可以是到被观测目标的两条视线矢量构成的夹角。因此,对于双机编队相对姿态求解问题,目标对象可以是任一参考点,不需要知道目标的位置信息,只要飞行器之间以及到目标的视线矢量构成三角形约束,定义为

$$\theta_3 = \pi - \theta_1 - \theta_2 \tag{3}$$

式中,θ_1,θ_2 和 θ_3 的定义如图 1 所示,对式(3)两边取余弦得

$$\cos\theta_3 = \cos(\pi - \theta_1 - \theta_2) \tag{4}$$

$$\cos\theta_3 = \cos\theta_2\cos(\pi - \theta_1) + \sin\theta_2\sin(\pi - \theta_1) \tag{5}$$

通过点乘和叉乘获得正弦值与余弦值,三角形约束方程定义为

$$w_2^T A v_2 = w_2^T w_1 v_1^T v_2 + \|w_1 \times w_2\| \|v_1 \times v_2\| \tag{6}$$

从式(6)可以看出,三角形约束有效替代了角度观测值给出的信息。由于三角形约束不仅是参数而且是关于观测值的一个函数,因此,角度观测值可以改写为

$$d = w_2^T w_1 v_1^T v_2 + \|w_1 \times w_2\| \|v_1 \times v_2\| \tag{7}$$

式中,$((A_I^F)^T w_2)\ (A_I^L)^T v_2 = w_2^T A_I^F\ (A_I^L)^T v_2 = w_2^T A_L^F v_2$;$d$ 为到目标的两条视线矢量夹角的余弦值。为求 A_L^F,需要找到一个姿态矩阵 A 和以参考方向为轴旋转的角度 θ 满足如下关系:

$$w_1 = A v_1 \tag{8}$$

$$w_2^T w_1 v_1^T v_2 + \|w_1 \times w_2\| \|v_1 \times v_2\| = d = w_2^T A v_2 \tag{9}$$

假设在惯性坐标系下 w_1 与 v_1 平行,设 C 为任一姿态矩阵,满足

$w_1 = Cv_1$,有

$$C = \frac{(v_1 + w_1)(v_1 + w_1)^T}{(1 + v_1^T w_1)} - I_{3\times 3} \quad (10)$$

设 $R(n_2, \theta)$ 为以 n_2 为轴,以 θ 为旋转角度的转换矩阵,其中 $0 \leq \theta < 2\pi$,则 $R(n_2, \theta)$ 用欧拉方程表示为

$$R(n_2, \theta) = \cos\theta I_{3\times 3} + [1 - \cos\theta] n_2 n_2^T - \sin\theta [n_2 \times] \quad (11)$$

令 $n_2 = w_1$,代入式 (9),$[w_1 \times]^2 = -I_{3\times 3} + w_1 w_1^T$ 替换式 (11) 得

$$d = w_2^T (w_1 w_1^T - \cos\theta [w_1 \times]^2 - \sin\theta)[w_1 \times] w^* \quad (12)$$

令 $w^* = Cv_2$,代入三角形约束方程 (7) 中得

$$w_2^T w_1 (w_1^T C - v_1^T) v_2 - \|w_1 \times w_2\| \|v_1 \times v_2\|$$
$$= \cos\theta (w_2^T [w_1 \times]^2 w^*) + \sin\theta (w_2^T [w_1 \times] w^*) \quad (13)$$

由于式 (13) 方程左边第一项为零,所以,

$$-1 = \cos\theta \frac{w_2^T [w_1 \times]^2 w^*}{\|w_1 \times w_2\| \|v_1 \times v_2\|} + \sin\theta \frac{w_2^T [w_1 \times] w^*}{\|w_1 \times w_2\| \|v_1 \times v_2\|} \quad (14)$$

根据 $\cos\theta\cos\beta + \sin\theta\sin\beta = -1$,可以求出

$$\theta = \arctan 2(w_2^T [w_1 \times] w^*, w_2^T [w_1 \times]^2 w^*) + \pi \quad (15)$$

最后推导出姿态矩阵 A 的求解公式:

$$A = R(w_1, \theta) C \quad (16)$$

由式 (16) 可以看出

$$\cos\theta = -\frac{w_2^T [w_1 \times]^2 w^*}{\|w_1 \times w_2\| \|v_1 \times v_2\|} \quad (17)$$

$$\sin\theta = -\frac{w_2^T [w_1 \times] w^*}{\|w_1 \times w_2\| \|v_1 \times v_2\|} \quad (18)$$

将式 (10) 和 $w^* = Cv_2$ 代入式 (17) 和式 (18),得到 $\cos\theta = -\dfrac{b}{c}$ 和 $\sin\theta = -\dfrac{a}{c}$,其中,

$$a = w_2^T [w_1 \times]([w_1 \times] + [v_1 \times])[v_1 \times] v_2 \quad (19)$$

$$b = w_2^T [w_1 \times]([w_1 \times][v_1 \times] - I_{3\times 3})[v_1 \times] v_2 \quad (20)$$

$$c = (1 + v_1^T w_1) \| w_1 \times w_2 \| \| v_1 \times v_2 \| \quad (21)$$

令 $c = \sqrt{a^2 + b^2}$，式（11）可以写成

$$R = -\frac{b}{c} I_{3\times3} + \left(1 + \frac{b}{c}\right) w_1 w_1^T + \frac{a}{c} [w_1 \times] \quad (22)$$

令 $w_1 w_1^T C = w_1 v_1^T$，最终得到式（16）的简化形式如下：

$$A = \frac{b}{c}\left(I_{3\times3} - \frac{(w_1 + v_1)(w_1 + v_1)^T}{(1 + v_1^T w_1)} + w_1 v_1^T\right) +$$

$$\frac{a}{c}[w_1 \times]\left(\frac{v_1 w_1^T + v_1 v_1^T}{(1 + v_1^T w_1)} - I_{3\times3}\right) + w_1 v_1^T \quad (23)$$

3 视觉传感器模型

本文采用焦平面探测器（Focal-plane Detector，FPD），焦平面探测器测量原理如图 3 所示，是定义在像平面内的二维直角坐标系，为相机坐标系。

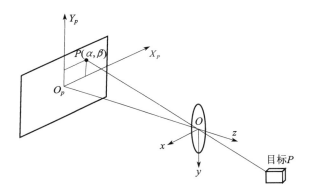

图 3 焦平面探测器测量原理

视觉传感器采用焦平面探测器，其量测量为 2×1 的矢量 $m \equiv [\alpha \ \beta]^T$，考虑到量测噪声的影响，测量模型定义为

$$\tilde{m} = m + w_m \quad (24)$$

式中，$\tilde{m}$ 为测量值；w_m 为测量噪声。

$$w_m \sim N(O, R^{focal}) \quad (25)$$

$$R^{\text{focal}} = \frac{\sigma^2}{1 + d(\alpha^2 + \beta^2)} \begin{bmatrix} (1 + d\alpha^2)^2 & (d\alpha\beta)^2 \\ (d\alpha\beta)^2 & (1 + d\beta^2)^2 \end{bmatrix} \quad (26)$$

式中，R^{focal} 为测量噪声 w_m 的方差；d 和 σ 为与 FPD 特性有关的常数。

考虑焦平面探测器的测量模型，视线矢量可用单位矢量表示如下：

$$b = \frac{1}{\sqrt{1 + \alpha^2 + \beta^2}} \begin{bmatrix} \alpha \\ \beta \\ 1 \end{bmatrix} \quad (27)$$

考虑噪声误差的影响时，视觉传感器的量测矢量定义如下：

$$\tilde{b} = b + \delta \quad (28)$$

其中，

$$\delta \sim N(0, \Omega) \quad (29)$$

假设 δ 为高斯噪声，且均值和方差符合下式：

$$E\{\delta\} = 0 \quad (30)$$

$$\Omega \equiv E\{\delta\delta^{\text{T}}\} = \sigma^2(I_{3\times3} - bb^{\text{T}}) \quad (31)$$

式（31）是 QUEST 测量模型，在实际仿真时，可以用 $\sigma^2 I_{3\times3}$ 取代 Ω。由此，图 2 中用各自的真实值取代 b，测量值取代 $\tilde{b}$，得出量测模型为

$$\tilde{w}_1 = w_1 + \delta_{w_1} \quad \delta_{w_1} \sim N(0, R_{w_1}) \quad (32\text{a})$$

$$\tilde{w}_2 = w_2 + \delta_{w_2} \quad \delta_{w_2} \sim N(0, R_{w_2}) \quad (32\text{b})$$

$$\tilde{v}_1 = v_1 + \delta_{v_1} \quad \delta_{v_1} \sim N(0, R_{v_1}) \quad (32\text{c})$$

$$\tilde{v}_2 = v_2 + \delta_{v_2} \quad \delta_{v_2} \sim N(0, R_{v_2}) \quad (32\text{d})$$

式中，w_1、w_2、v_1、v_2 均为单位矢量；w_1、w_2、v_1、v_2 为真实值；$\tilde{w}_1$、$\tilde{w}_2$、$\tilde{v}_1$、$\tilde{v}_2$ 为量测值；δ_{w_1}、δ_{w_2}、δ_{v_1}、δ_{v_2} 均互不相关。

4 仿真分析

4.1 仿真环境

本文在"北-东-地"坐标系下进行仿真，坐标原点为纬度 $\lambda = 57°$，经度 $\phi = -62°$。仿真中视觉传感器的测量噪声 $\sigma = 25 \times 10^{-6}$ rad，$d = $

1。目标的位置方程为

$$\begin{bmatrix} x \\ y \\ z \end{bmatrix} = \begin{bmatrix} 0 \\ 5000 \\ 0 \end{bmatrix} \qquad (33)$$

长机的位置、速度和姿态方程分别为

$$\begin{bmatrix} x_L \\ y_L \\ z_L \end{bmatrix} = \begin{bmatrix} 100t + 100\sin(0.1t) \\ 250 \\ 50\sin(0.1t) + 250 \end{bmatrix} \qquad (34)$$

$$\begin{bmatrix} v_{xL} \\ v_{yL} \\ v_{zL} \end{bmatrix} = \begin{bmatrix} 100 + 10\cos(0.1t) \\ 0 \\ 5\cos(0.1t) \end{bmatrix} \qquad (35)$$

$$\begin{bmatrix} \varphi_L \\ \psi_L \\ \gamma_L \end{bmatrix} = \begin{bmatrix} 15 + 5\sin(0.1 \times (t + 20)) \\ 5 + 5\sin(0.1 \times (t + 20)) \\ 5\sin(0.1 \times (t + 20)) \end{bmatrix} \qquad (36)$$

僚机的位置、速度和姿态方程分别为

$$\begin{bmatrix} x_F \\ y_F \\ z_F \end{bmatrix} = \begin{bmatrix} 100t + 100\sin(0.1t) \\ 250 \\ 50\sin(0.1t) - 250 \end{bmatrix} \qquad (37)$$

$$\begin{bmatrix} v_{xF} \\ v_{yF} \\ v_{zF} \end{bmatrix} = \begin{bmatrix} 100 + 10\cos(0.1t) \\ 0 \\ 5\cos(0.1t) \end{bmatrix} \qquad (38)$$

$$\begin{bmatrix} \varphi_F \\ \psi_F \\ \gamma_F \end{bmatrix} = \begin{bmatrix} 15 + 5\sin(0.1t) \\ 5 + 5\sin(0.1t) \\ 5\sin(0.1t) \end{bmatrix} \qquad (39)$$

4.2 仿真结果及分析

仿真步长为 0.1 s，仿真时间为 100 s，得到如下仿真曲线。

长机和僚机的运动轨迹如图 4 所示，长机到僚机的相对姿态估计误差如图 5 所示。通过仿真结果可以看出，在飞行器间引入平行光矢量，并构成三角形几何关系约束的情况下，避免了由非平行光矢量观测引起的测量位置偏差，能够准确估计出长机和僚机之间的相对姿态，估计精度比较高，误差较小，满足无人机编队飞行姿态控制要求。

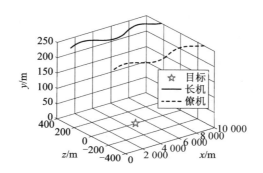

图 4　长机和僚机的运动轨迹

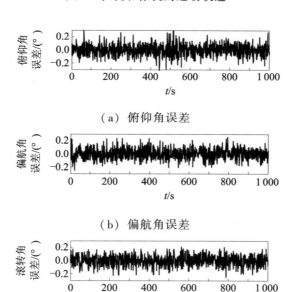

（a）俯仰角误差

（b）偏航角误差

（c）滚转角误差

图 5　长机到僚机的相对姿态估计误差

5 结束语

无人机协同编队飞行过程中要实时保持队形实现协同一致,因此对编队中各飞行器的状态控制提出了更高的精度要求,同时测量方法也必须达到更高的精度。采用视觉传感器观测矢量确定飞行器的相对姿态,可以直观地了解飞行器的状态。本文给出了考虑几何约束的双机编队无人机相对姿态确定方法,该方法的优点是不需要目标的位置矢量信息,只需要飞行器到目标的视线矢量信息,避免了测量位置信息带来的误差,利用飞行器间的三角形几何约束关系,解决了观测矢量共面不可观测问题,提高了相对姿态精度。通过仿真分析证明该方法有效,对远距离无人机编队飞行应用具有重要参考价值。

参考文献

［1］张晋武．无人机编队飞行技术研究［J］．船舶电子工程,2015,35(8)．

［2］Linares R,Crassidis J L. Constrained relative attitude determination for two-vehicle formations［J］. Journal of Guidance, Control, and Dynamics, 2009, 34(2).

［3］吴显亮,石宗英,钟宜生．无人机视觉导航研究综述［J］．系统仿真学报,2010,22(1)．

［4］Ding M, Wei L, Wang B F. Vision-based estimation of relative pose in autonomous aerial refueling［J］. Chinese Journal of Aeronautics, 2011.

［5］Shuster M D, Oh S D. Three-axis attitude determination from vector observations［J］. Journal of Guidance, Control, and Dynamics, 1981, 4(1).

［6］曾芬,刘金国,左洋,等．基于多视场星敏感器的姿态确定方法［J］．计算机测量与控制,2015,23(2)．

［7］李建国,崔祜涛,田阳．飞行器姿态确定的四元数约束滤波算法［J］．哈尔滨工业大学学报,2013,45(1)．

［8］刘晓辉,党亚民,王潜心,等．双基线姿态确定三种算法的比较分析［J］．大地测量与地球动力学,2013,33(1)．

［9］王勇军,徐景硕,盛飞,等．基于最优三轴姿态测定算法的舰载惯导粗对准方法［J］．中国惯性技术学报,2013,21(3)．

[10] 江洁,王英雷,张广军. 一种改进的基于双矢量观测的姿态确定算法[J]. 北京航空航天大学学报,2012,38(8).

[11] 曹喜滨,张世杰. 航天器交会对接位姿视觉测量迭代算法[J]. 哈尔滨工业大学学报,2005,37(8).

[12] Fosbury A M, Crassidis J L. Relative navigation of air vehicles[J]. Journal of Guidance, Control, and Dynamics, 2008, 31(4).

[13] Andrle M S, Crassidis J L, Linares R, et al. Deterministic relative attitude determination of three-vehicle formations[J]. Journal of Guidance, Control, and Dynamics, 2009, 32(4).

[14] 田永青. 基于定量反馈理论的姿态控制技术研究[J]. 战术导弹技术,2016,(3).

运载器大气层内上升段闭环制导方法研究现状

黄盘兴 何英姿 崔乃刚 韦常柱

传统运载器大气层内上升段采用开环制导方案,其存在耗时长、任务适应性差、制导精度低等缺点,当前及未来先进运载器的研制亟需先进的闭环制导方案作支撑。本文综述了运载器大气层内上升段闭环制导方法的研究现状,总结与分析了基于轨迹在线优化的最优闭环制导与轨迹跟踪制导两类方法的研究历程、成果及优缺点,指出最优闭环制导具有自主性与适应性强、制导精度高、射前任务设计与分析工作少等优点,是最具潜力的先进制导方案。

1. 引言

由于存在模型复杂、箭上计算机存储与计算能力不足、算法验证困难等问题，当前在工程上运载器大气内上升段均采用开环制导方案[1-3]：射前根据预测的风场模型设计大气层内可行或最优的飞行轨迹与制导指令（姿态角、发动机程序导引指令），并在发射时根据预测的风场数据与当天的风场数据之间的差异修正制导指令，将修正后的制导指令装订到运载器的制导系统中，导引运载器按程序飞行，而大气层内开环制导造成的偏差可以通过真空段的高精度制导方法进行消除。该开环制导方案存在计算量大、耗时长、设计成本高、任务适应性差以及不能处理紧急发射任务等缺点[4,5]，且开环制导的抗干扰能力差、制导精度低。

为解决运载器大气层内上升段采用开环制导方案存在的上述问题，20 世纪 80 年代初就有学者开始研究与探索闭环制导方法，至今取得了较多的理论研究成果。本文从基于轨迹在线优化的最优闭环制导、轨迹跟踪制导两方面对运载器大气层内上升段制导方法进行了综述，最后进行了总结，提出了运载器大气层内上升段制导方法重点研究的方向。

2. 大气层内上升段闭环制导方法研究现状

当前研究的运载器大气层内上升段闭环制导方法可分为基于轨迹在线优化的最优闭环制导、轨迹跟踪制导两大类。

2.1 基于轨迹在线优化的最优闭环制导

基于轨迹在线优化的最优闭环制导方案能解决开环制导方案的诸多问题，其根据运载器的当前状态，在线实时计算出满足过程约束及终端约束要求的最优飞行轨迹，并给出最优的导引指令，运载器根据导引指令飞行。该制导方案具有较好的自主性、鲁棒性、自适应性与较高的制导精度[6]。从 20 世纪 80 年代发展至今，以 Hanson 等人对前期工作的总结与展望分析为转折点，其研究历程分为基于简化模型研究与基于复杂三维运动模型研究两个阶段。

2.1.1 第一研究阶段（基于简化模型研究）

1995 年以前，以简化的模型为基础，对运载器大气层内最优闭环制导方法进行初步的探索与理论研究。在这期间，学者们提出了丰富的解决方案，但均是在一定的模型简化基础上研究的，简化的内容包括二维运动、气动模型线性化、不考虑地球曲率与过程约束等。

1984 年，Bradt 等人[7]用 Hermite 插值、线性插值分别近似状态变量、控制变量，利用配点法隐式积分运动方程，简化飞行路径约束与终端约束，并采用序列二次规划算法快速求解得到的非线性规划问题，形成了一个能够适应不同飞行环境和不同飞行阶段（包括大气层内飞行段）的轨迹在线优化算法。1990 年，该算法得到了进一步的扩展，算法采用 B 样条曲线函数近似控制量，并根据箭上风敏感器测量的风速，采用非线性规划算法在线求解最优轨迹，以获得满足气动弯矩约束的最优制导指令[8]。

针对系统及环境的不确定性对最优闭环制导方案带来的敏感性问题，Speyer 等人[9]在 1989 年基于最大化不确定性与最小化改进二次变分指标函数，应用二次变分理论，构造了一种考虑动力学与测量量不确定性的运载器纵向鲁棒非线性最优制导律，并对运载器飞出高动压区后的二级主动段无路径约束的大气层内上升制导进行了仿真验证。结果表明，所设计的鲁棒最优制导律在 ±30% 的大气偏差条件下具有较好的制导精度。该制导律的推导过程较为复杂，涉及二次变分问题。

Speyer、Feeley 等人[10-12]在 1989~1994 年研究了一种基于小物理参数渐近展开式的大气层内准最优迭代制导方案，将地球假设为静止的球体，将运载器动力学模型及最优上升轨迹问题分成受发动机推力、地球引力作用的主导部分与气动力、剩余惯性力作用的扰动部分进行求解，主导部分的最优上升轨迹与航天飞机的大气层外迭代制导一样具有解析解，扰动部分则通过小参数的高阶展开进行快速积分修正，其一阶修正后的最优轨迹与数值最优轨迹相近，在 IBM3090 主机上规划一次轨迹的耗时为 0.4 s，算法能较好地满足制导的实时性要求。Leung、Calise 等人[13-15]在零阶主导问题的协态变量微分方程中考虑了大气作用项，并采用解析/数值方法进行混合求解零阶主导模型，避免了采用纯解析解精度不高与数值解计算效率低的不足，仿真结果表明制导算法在 SPARCstation 1 处理器上能在 0.65 s 生成精度更高的最优上升轨迹。相关研究基于简化的二维运动模型。

Kelly[16]于 1992 年在将运载器纵向二维运动状态方程线性化的基础上，采用最小 Hamilton 算法计算无过程约束条件下的大气层内最优上升轨迹。该求解算法具有较高的求解速度，能较好地满足实时性要求，但其采用的模型过于简化，工程应用问题有待进一步解决。

1993 年，Chang[17]将大气作用项加入线性正切制导方程中形成当运载器飞出高动压区后可以采用的大气层内线性正切制导律（SATLIT）。与此同时，Skalecki[18]提出了采用约束非线性规划求解算法构造各飞行段通用的自适应制导律概念，其通过离散控制变量，采用 NLP2 优化程序在线求解具有等式约束与不等式约束的最优飞行轨迹。在 MIPS R3000 处理器上，能在 1~3 s 内规划出水平起飞单级入轨运载器的上升与再入轨迹。

Hanson 等人[19]于 1994 对 NASA 马歇尔太空飞行中心（Marshall Space Flight Center）组织研究的大气层内上升段制导方法进行了测试与对比分析，重点分析的内容包括操作成本、最优性能指标（入轨质量）及约束的满足情况。其将多种制导方法应用于不同运载火箭的上升制导任务中，得出以下几条具有启示性的结论：

（1）运载火箭大气层内上升段采用开环制导只需验证一条可行轨迹即可，工程应用较为简单，基于速度或高度剖面的程序导引方案优于基于时间剖面的程序导引方案，且考虑路径约束离线优化的开环程序导引可以提高运载器的入轨质量；

（2）真空制导方法不能满足大气内制导的任务需求，而经过大气修正后的真空制导或运载器飞出稠密大气层后的真空制导可以采用；

（3）完全考虑大气作用因素的基于轨迹在线优化的最优闭环制导

方案可以减少射前任务分析费用、减少飞行气动过载和提升性能指标，是最具潜力的制导方案，但相关的工作仍未完成，最优轨迹求解算法的收敛性、可靠性、稳定性与实时性及其验证工作仍未完全解决。

在 Hanson 对前人工作的总结与对未来技术的发展分析的基础上，学者们围绕着运载器大气层内上升段最优闭环制导的工程应用与验证问题进行研究，由此进入了第二个研究阶段。

2.1.2　第二研究阶段（基于复杂三维运动模型研究）

1995 年之后，以工程应用为目标，采用较为复杂的三维运动模型，考虑多路径约束与多终端约束的最优闭环制导算法，设法解决 Hanson 提出的算法收敛性、可靠性、实时性及通用性、适应性问题，并进行了大量的仿真验证工作。该阶段研究的重点在于最优控制问题的间接法与直接法（尤其是间接法）在轨迹在线优化的应用上，其中以 Calise 等人的解析/数值混合求解算法、Dukeman 与 Lu 等人的间接法、Grablin 的非线性规划算法最具代表性。

Calise 与 Melamed 等人[20]在 1998 年提出了一种综合考虑路径约束与终端约束的三维解析/数值混合轨迹在线优化算法，其充分利用最优真空解析解构造插值函数，并基于数值配点法求解最优上升轨迹的两点边值问题，算法能快速、可靠地收敛，并满足制导的实时性。该方法也属于间接法。

Dukeman[21]为了降低状态变量与协态变量微分方程组的阶次和复杂性，提高在线求解算法的计算效率，将运载器大气层内上升制导问题分成无路径约束规划问题与约束条件下的反馈修正制导问题进行处理，最优上升轨迹的 Hamilton 两点边值问题采用多重打靶法求解。其运载器标称上升制导与任务紧急终止返回着陆的再入窗口制导仿真表明，算法能在 1.0 s 内生成最优轨迹，并具有较高的制导精度。而后其又进一步研究[22,23]，采用数值迭代算法求解终端横截条件中的约束乘子矢量，得到一种通用的终端约束横截条件处理方案，避免了需要通过解析推导消除约束乘子矢量的问题。

Lu 等人[24-29]研究了基于间接法的运载器大气层内上升段最优轨迹

在线优化方法,其将带路径约束的最优上升轨迹问题转换成两点边值问题,并采用有限差分法及密度同伦技术联合求解,解决了最优闭环制导问题。其大量的数值仿真结果表明,该方法可满足最优飞行轨迹求解的实时性要求,是一种可行、有效的运载器大气层内最优闭环制导方法。国内的李慧峰[30]、泮斌峰[31]、蒋正谦[32]等人也采用了该方法对运载器大气层内最优闭环制导技术进行了广泛的研究,且蒋正谦在其硕士论文中基于 Linux 开发了嵌入式的闭环制导实时仿真系统,验证了该算法的实时性与有效性。佘智勇、马广富等人[33-35]采用伴随法快速求解两点边值问题,并形成基于轨迹在线优化的迭代制导方案,仿真表明其能够实现更优的飞行性能。

上述三种轨迹在线优化方法均以间接法为基础,存在两个共同问题:①将时间域进行等间距的离散求解,算法的求解精度、最优性与离散区间数目成正比,但计算效率、可靠性与离散区间数目成反比,制导时需取较少的离散区间来保证在线计算的实时性,牺牲了求解精度与最优性;②推导过程复杂,不具备对其他飞行段的通用性。针对问题①,崔乃刚、黄盘兴等[36,37]对间接法进行了改进,提出了多层次快速求解策略及采用改进 Gauss 伪谱法求解 Hamilton 两点边值问题的高精度混合求解算法,在提高算法的求解效率与可靠收敛性的同时,也能保证较高的求解精度与最优性。

Grablin 等人[38]提出了基于非线性规划的轨迹在线优化与自主制导概念,其将控制量进行参数化以减小设计变量,并采用非线性规划算法求解最优轨迹。该方案的优化算法与模型分开,可应用于大范围参数变化的不同飞行器与不同飞行阶段的轨迹在线规划与制导问题,同时算法具有较高的实时性与制导精度,可满足可重复使用运载器 Hopper 大气层内上升与 X-38 再入飞行的制导任务。

2.2 轨迹跟踪制导

为了提高运载器大气层内上升段的制导精度,跟踪离线设计的标称轨迹的跟踪制导技术也得到了广泛的研究。

Deato、Pavelitz 等人[39,40]提出了跟踪离线设计的最优轨迹的跟踪制导方法，在风、推力等干扰已知的情况下，该方法能较好地跟踪最优轨迹，并满足路径约束要求。X-33 上升飞行采用了基于加速度跟踪的改进大气层内开环制导方案[41,42]，以减小由于内外干扰带来的状态偏差。其上升制导的整个流程如图 1 所示，飞行器在上升飞行过程中根据设计的时间点 t_{gr} 分为开环制导与迭代制导进行导引：该时间点后的大气密度较小，采用大气层外的迭代制导方法；t_{gr} 之前的姿态角、节流阀指令被设计成相对速度的函数，上升飞行时姿态角指令按设计的程序给出，但节流阀则根据实测的轴向加速度与设计的轴向加速度剖面之间的偏差进行修正，以跟踪轴向加速度剖面。

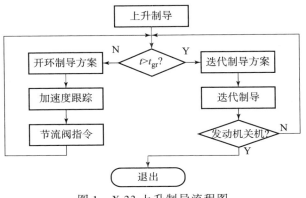

图 1 X-33 上升制导流程图

贺成龙[43,44]等人研究了一种机载投放发射的可重复使用飞行器的大气层内跟踪制导方法，其引入反馈线性化的思想，基于动态逆设计了适合工程应用的大气层内上升段跟踪制导律，并对制导指令进行了限幅。

为了提高上升段全程均在大气层内飞行的可重复使用亚轨道运载器的制导精度，张广春[45]将大气层外的摄动制导方法应用于大气层内的闭环制导中，并设计了以关机点速度为控制量的关机方程、高度与弹道倾角法向导引律及弹道偏角横向导引律。仿真结果表明，该闭环制导方案能很好地实现轨迹跟踪，并能有效提高制导精度。

轨迹跟踪制导方法能提高运载器大气层内上升段的制导精度，但其仍依赖于标称轨迹，自主性与适应性差。为了保证运载器的飞行安全，仍需要在射前进行大量的任务设计与分析工作。除了设计与验证一条可行飞行轨迹外，还需设计好应对突发事件的处理程序，如发动机故障处理、应急返回等，以保证任务不能被环境条件、突发事件（如临近发射时任务目标或约束的改变）而导致发射延误或失败。

3 结束语

快速、自主、低成本、高可靠性、机动灵活是当前及未来先进运载器的发展目标，传统的大气层内上升段开环制导方案显然不能满足先进运载器的发展需求，需采用精度高、自主性强、可靠性高、适应性强、操作成本低的闭环制导方案。

跟踪离线设计标称轨迹的跟踪制导方法能有效提高运载器大气层内上升段的制导精度，且可靠性高，是可快速工程应用的制导方法。但其自主性与适应性差，不能应用于轨迹在线重构任务，仍存在耗时长、设计成本高的缺点。

基于轨迹在线优化的最优闭环制导方法具有自主性与适应性强、制导精度高、射前任务设计与分析工作小等优点，其经历了基于简化模型研究与基于复杂三维运动模型研究两个研究阶段，研究的对象模型、考虑的过程与终端约束已符合工程实际。随着紧急发射、轨迹在线重构、大气层内压低弹道飞行、故障条件与空中目标重瞄的轨迹在线重构、空中变轨、高精度制导等新的任务需求，运载器大气层内采用高可靠性、高精度的轨迹快速优化技术以实现最优闭环制导是必然的发展趋势。如何保证最优飞行轨迹在线求解的收敛性、可靠性、稳定性与实时性，是实现运载器大气层内上升段最优闭环制导的关键，也是当前研究的重点。

参考文献

[1] Schleich W T. The space shuttle ascent guidance and control [C]. Guidance and control conference, San Diego, CA, America, 1982.

[2] Rao P P. Titan ⅢC preflight and postflight trajectory analyses [J]. Journal of guidance, control, and dynamics, 1984 (7).

[3] Brusch R G, Reed T E. Real-time launch vehicle steering programme selection [J]. Journal of the British Interplanetary Society, 1973 (26).

[4] Hanson J M, Shrader M W, Cruzen C A. Ascent guidance comparisons [C]. Guidance, Navigation, and Control Conference, Scottsdale, AZ, America, 1994.

[5] Hanson J M, Shrader M W, Cruzen C A. Ascent guidance comparisons [J]. Journal of the Astronautical Sciences, 1995, 43 (3).

[6] Fernandes S T, Fink C, Pesek D. A Benchmark Guidance, Navigation and Control System for future launch vehicles [R]. California, USA: McDonnell Douglas Space Systems Company, 1992.

[7] Bradt J E, Jessick M V, Hardtla J W. Optimal guidance for future space applications [C]. AIAA Guidance, Navigation and Control Conference, Monterey, CA, America, 1987.

[8] Cramer E J, Bradt J E, Hardtla J W. Launch flexibility using NLP guidance and remote wind sensing [C]. AIAA Guidance, Navigation and Control Conference, Portland, OR, America, 1990.

[9] Speyer J L, Jarmark B S A. Robust perturbation guidance for the advanced launch system [C]. Proceedings of the 1989 American Control Conference, Pittsburgh, PA, America, 1989.

[10] Speyer J L, Feeley T S, Hull D G. Real time approximate optimal guidance laws for the Advanced Launch System [C]. Proceedings of the 1989 American Control Conference, Pittsburgh, PA, America, 1989.

[11] Feeley T S. Approximate optimal guidance for the advanced launch system [D]. PH. D Dissertation, University of Texas, Austin, Austin, TX, America, 1992.

[12] Feeley T S, Speyer J L. Techniques for developing approximate optimal advanced launch system guidance [J]. Journal of Guidance, Control, and Dynamics, 1994, 17 (5).

[13] Leung M S K, Calise A J. An approach to optimal guidance of an advanced launch vehicle concept [C]. Proceedings of the American Control Conference, San Diego, CA, America, 1990.

[14] Leung M S K, Calise A J. A hybrid approach to near-optimal launch vehicle guid-

ance [C]. AIAA-92-4304-CP, 1992.

[15] Leung M S K, Calise A J. Hybrid approach to near-optimal launch vehicle guidance [J]. Journal of Guidance, Control and Dynamics, 1994, 17 (5).

[16] Kelly W D. Formulation of aerodynamic quantities for minimum hamiltonian guidance [C]. AIAA Guidance, Navigation and Control Conference, Hilton Head Island, SC, America, 1992.

[17] Chang H P. Spherical Atmospheric Linear Tangent (SATLIT) guidance [R]. Washington: NASA Contractor Report, 1993.

[18] Skalecki L, Martin M. General adaptive guidance using nonlinear programming constraint solving methods [J]. Journal of Guidance, Control, and Dynamics, 1993, 16 (3).

[19] Hanson J M, Shrader M W, Chang H P, et al. Guidance and dispersion studies of national launch system ascent trajectories [C]. Proceeding of the 1992 AIAA Guidance and Control Conference, Boston, America, 1992.

[20] Calise A J, Melamed N, Lee S. Design and evaluation of a three-dimensional optimal ascent guidance algorithm [J]. Journal of Guidance, Control and Dynamics, 1998, 21 (6).

[21] Dukeman G A. Atmospheric ascent guidance for rocket-powered launch vehicles [C]. AIAA Guidance, Navigation, and Control Conference and Exhibit, Monterey, California, America, 2002.

[22] Dukeman G A, Calise A J. Enhancements to an atmospheric ascent guidance algorithm [C]. AIAA Guidance, Navigation, and Control Conference and Exhibit, Austin, Texas, America, 2003.

[23] Dukeman G A. Closed-Loop nominal and abort Atmospheric ascent guidance for rocket-powered launch vehicles [D]. Georgia: Doctor Dissertation of Georgia Institute of Technology, 2005.

[24] Lu P, Sun H S, Tsai B. Closed-loop endo-atmospheric ascent guidance [C]. AIAA Guidance, Navigation, and Control Conference and Exhibit, Monterey, California, America, 2002.

[25] Lu P, Sun H, Tsai B. Closed-loop endo-atmospheric ascent guidance [J]. Journal of Guidance, Control, and Dynamics, 2003, 26 (2).

[26] Lu P, Griffin B J, Dukeman G A, Chavez F R. Rapid Optimal Multiburn Ascent

Planning and Guidance [J]. Journal of Guidance, Control, and Dynamics, 2008, 31 (6).

[27] Lu P, Zhang L J, Sun H S. Ascent guidance for responsive launch: a fixed-point approach [C] //AIAA Guidance, Navigation, and Control Conference and Exhibit, San Francisco, California, America, 2005.

[28] Pan B F, Lu P. Improvements to optimal launch ascent guidance [C]. AIAA Guidance, Navigation, and Control Conference and Exhibit, Toronto, Ontario, Canada, 2010.

[29] Lu P, Pan B F. Highly constrained optimal launch ascent guidance [J]. Journal of Guidance, Control and Dynamics, 2010, 33 (2).

[30] 李慧峰, 李昭莹. 高超声速飞行器上升段最优制导间接法研究 [J]. 宇航学报, 2011, 32 (2).

[31] 泮斌峰, 唐硕. 吸气式空天飞行器闭环上升制导研究 [J]. 飞行力学, 2010, 28 (6).

[32] 蒋正谦. 飞行器上升段闭环制导轨迹优化 [D]. 上海: 上海交通大学, 2013.

[33] 佘志勇, 马广富, 沈作军. 基于间接伴随法的大气层内高超声速飞行器最优上升轨迹研究 [J]. 宇航学报, 2010, 31 (8).

[34] 马广富, 佘志勇. 基于改进型伴随方法的高超声速飞行器上升段轨迹优化 [J]. 固体火箭技术, 2011, 34 (3).

[35] 佘智勇, 柳青, 杨志红. 基于轨迹优化的高速飞行器先进制导方法研究 [J]. 战术导弹技术, 2013 (4).

[36] 崔乃刚, 黄盘兴, 韦常柱, 等. 基于混合优化的运载器大气层内闭环制导方法 [J]. 中国惯性技术学报, 2015, 23 (3).

[37] 黄盘兴. 运载器大气层内上升段轨迹快速优化方法研究 [D]. 哈尔滨: 哈尔滨工业大学, 2016.

[38] Grablin M H, Schottle U M. Ascent and reentry guidance concept based on NLP-methods [C]. 54th International Astronautical Congress of the International Astronautical Federation, Bremen, Germany, 2003.

[39] Deaton A W, Kelley P B. Structural load reduction of the space shuttle booster/orbiter configuration using a load relief guidance technique [R]. NASA X-64738, 1973.

[40] Pavelitz S. Evaluation of boundary mapping atmospheric ascent guidance (BOMAAG) [R]. Sverdrup Technology, Inc. report under contract NAS 8-37814 to NASA Marshall Space Flight Center, 1993.

[41] Dukeman G A, Gallaher M W. Guidance and control concepts for the X-33 technology demonstrator [C]. 21st Annual AAS Guidance and Control Conference, Breckenridge, CO, America, 1998: 1-12.

[42] Hanson J M, Coughlin D J, Dukeman G A. Ascent, transition, entry, and abort guidance algorithm design for the X-33 Vehicle [C]. AIAA Guidance, Navigation, and Control Conference and Exhibit, Boston, USA, 1998.

[43] 贺成龙. 可重复使用运载器亚轨道上升段制导与控制技术研究 [D]. 南京: 南京航空航天大学, 2010.

[44] 贺成龙, 陈欣, 黄一敏. 基于反馈线性化的可重复使用运载器上升段闭环制导 [J]. 南京航空航天大学学报, 2010, 42 (6).

[45] 张广春. 可重复使用运载器上升段摄动制导研究 [C]. 2014 IEEE Chinese Guidance, Navigation and Control Conference, 烟台, 2014.

基于 H-V 规划的多约束再入滑翔制导方法

秦晓田　林　海　王晓芳

本文针对助推-滑翔超高声速飞行器再入滑翔段轨迹设计问题，考虑热流密度、动压、过载、准平衡滑翔等多种约束的前提下，生成再入走廊。在给定滑翔段初始速度及末端速度和高度的前提下，设计了一种由滑翔段初始高度唯一确定的滑翔段 H-V 轨迹，基于反馈线性化推导得到实现此轨迹的侧倾角指令。同时，考虑满足再入走廊约束和侧倾角不出现奇异的要求，采用逐步计算的方法获得滑翔段初始高度的可行域，并将其作为再入初始段轨迹设计的终端约束。通过初始段设计得到某一确定可行的滑翔段初始高度，进而得到滑翔段的确定 H-V 轨迹和侧倾角指令。仿真结果表明，再入滑翔段 H-V 轨迹制导方法，既能够满足多种过程约束，又能避免侧倾角奇异的现象，实现参考轨迹快速生成与精确跟踪。

1 引 言

防区外导弹（Stand-off Missile，SOM）是在防空火力外发射、精确攻击纵深高价值目标的导弹，是实施全球、快速、精确打击，夺取并保持制空权的有效手段。助推-滑翔超高声速飞行器是一种基于助推-滑翔弹道概念与超高声速技术相结合的新型战术武器，该类导弹大升阻比的气动外形使其能够依靠升力实现远距离非弹道式滑翔，突破了常规的弹道式再入模型，具有远程高速突防和末端高速打击的能力，能够承担防区外打击的任务[1]。

再入滑翔段轨迹规划与制导技术是该类飞行器的关键技术之一。飞行器再入滑翔阶段，由于其复杂的飞行环境、超高声速以及有限的控制能力，需要综合考虑多个过程约束的影响；同时，为了实现飞行轨迹平缓下滑，避免跳跃，还需要遵守准平衡滑翔条件，这些都是其轨迹规划和制导系统设计中需要考虑的关键问题。Lu 等人提出基于准平衡滑翔假设的轨迹生成方法，将再入滑翔段分为初始下降段、平衡滑翔段和末端能量管理段，基于 H-V 规划方法生成了三维参考理想轨迹[1]。文献［2］通过简化导弹动力学模型，利用准平衡滑翔假设，确定了具有解析形式的侧倾角变化规律，其能够满足各种过程约束的影响。文献［3］通过事先确定的攻角剖面，根据准平衡滑翔假设，将轨迹规划问题转化为参数搜索问题，从而提高了求解效率。文献［4］采用拟平衡滑翔条件将再入走廊约束转化为控制量约束，将参考轨迹的优化设计问题转化为单参数搜索问题，提出基于 H-V 剖面的轨迹在线生成算法。文献［5-6］基于 H-V 剖面进行再入制导律设计，通过将再入滑翔轨迹分为初始下降段和滑翔段分别进行规划，初始下降段采用常值侧倾角飞行，滑翔段轨迹采用 N 次多项式进行表述，基于反馈线性化方法求解制导指令。

上述文献的一般思路为：预先设计攻角随速度的变化规律，然后转换过程约束确定 H-V 剖面的上下边界，求得再入走廊。再设计一条满足再入走廊的理想轨迹，通过控制侧倾角实现对理想轨迹的跟踪。

然而以上方法初始段采用常值攻角与侧倾角滑翔的方案,无法保证在初始段末端导弹能准确进入再入走廊,而且其滑翔段设计参数往往较多,参数选择与调整较为烦琐,求解侧倾角指令时可能会出现奇异问题,为了解决奇异问题,往往需要反复对初始段和滑翔段轨迹进行调节和校正,因而存在时间长、效率低等问题。

本文基于 H-V 剖面提出一种改进的再入滑翔轨迹设计与跟踪制导方法,无须对初始段和滑翔段轨迹进行反复校正,具有简单易行的特点。将滑翔段 H-V 轨迹设计为余弦函数形式,选取滑翔段初始高度作为轨迹唯一变量,通过计算得到其可行域,既保证了滑翔段轨迹满足多种约束,又避免了出现侧倾角饱和的问题。

2 坐标系定义与运动动力学建模

2.1 坐标系定义

本文中建立的坐标系如图 1 所示,具体为:

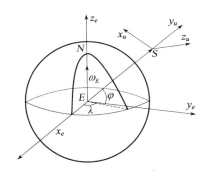

图 1 坐标系定义

(1)地心地固坐标系 $Ex_e y_e z_e$,原点位于地球质心 E,x 轴指向格林尼治平子午面与赤道的交点,z 轴指向北极,y 轴与 x、z 轴垂直构成右手坐标系。

(2)地面坐标系 $Sx_u y_u z_y$,原点位于导弹质心 S,x 轴指向北为正,z 轴指向东为正,y 轴指向天为正(即北天东坐标系)。

(3)弹体坐标系 $Ox_1 y_1 z_1$,O 为弹体质心,Ox_1 轴与弹体纵轴重合,指向头部为正；Oy_1轴位于弹体对称面内与Ox_1轴垂直，向上为正；Oz_1轴垂直于另两轴并构成右手坐标系。

（4）弹道坐标系$Ox_2y_2z_2$，O为弹体质心，Ox_2轴与质心速度矢量重合；Oy_2轴位于包含速度矢量的铅垂面内垂直于Ox_2轴，向上为正；Oz_2轴与另两轴垂直并构成右手坐标系。

2.2 飞行器运动模型

飞行器再入后进行无动力滑翔，不考虑地球自转的影响，其再入滑翔运动模型为

$$\begin{cases} \dot{V} = -\dfrac{D}{m} - g\sin\theta \\ \dot{\theta} = \dfrac{1}{V}\left[\dfrac{L\cos\sigma}{m} + \left(\dfrac{V^2}{r} - g\right)\cos\theta\right] \\ \dot{\psi}_V = -\dfrac{L\sin\sigma}{mV\cos\theta} + \dfrac{V}{r}\cos\theta\sin\psi_V\tan\phi \\ \dot{r} = V\sin\theta \\ \dot{\lambda} = -\dfrac{V\cos\theta\sin\psi_V}{r\cos\phi} \\ \dot{\phi} = \dfrac{V\cos\theta\cos\psi_V}{r} \end{cases} \quad (1)$$

式中，V、θ、ψ_V、r、λ、ϕ分别为速度、弹道倾角、弹道偏角、距地心高度、经度、纬度；L和D分别为升力和阻力；m为飞行器质量；g为重力加速度；α、σ分别为攻角和侧倾角。

3 基于H-V规划的再入滑翔制导方法

3.1 再入滑翔约束与H-V走廊设计

再入滑翔过程一般考虑三个过程约束：热流密度约束、动压约束和法向过载约束。为了使弹道倾角较小且变化缓慢，以实现弹道平稳下滑避免振荡，还需要增加准平衡滑翔约束[7,8]，其表达式为

$$\begin{cases} \dot{Q} = k\rho^n V^m \leqslant \dot{Q}_{max} \\ q = \dfrac{1}{2}\rho V^2 \leqslant q_{max} \\ n_y = \dfrac{|D\sin\alpha + L\cos\alpha|}{mg_0} \leqslant n_{ymax} \\ \dfrac{L}{m}\cos\sigma_v - \left(g - \dfrac{V^2}{r}\right) \geqslant 0 \end{cases} \quad (2)$$

式中，$\dot{Q}$、q、n_y 分别为热流密度、动压、法向过载；下标"max"表示最大值；g_0 为地面重力加速度；大气密度 ρ 的模型采用简化的指数形式，为

$$\rho = \rho_0 e^{(-H/h_s)} \quad (3)$$

式中，$\rho_0 = 1.225$ g/L，$h_s = 7200$ m。对超高声速飞行器，式（2）中一般取 $n = 0.5$，$m = 3.15$，与飞行器头部半径相关的系数 $k = 6 \times 10^{-8}$。式（2）中的 σ_v 即为式（1）中的 σ，在规划再入走廊时，一般假设其为 0 或者小正值[9]。

对于超高声速飞行器，其再入初始阶段的速度较高，通常采用常值大攻角使飞行器快速通过高热流区域，总气动加热减小。进入滑翔段，随着飞行速度、高度的降低，此时按大升阻比攻角进行滑翔飞行。设 V_0 为初始下降段与滑翔段分界点的速度，则攻角的变化规律为

$$\alpha = \begin{cases} \alpha_c, & V > V_0 \\ \alpha_{L/D_{max}}, & V \leqslant V_0 \end{cases} \quad (4)$$

式中，α_c 为初始下降段攻角；α_H 为滑翔段攻角[10]。

将滑翔段的攻角 α_H 代入式（2）并考虑式（3），可将式（2）所示的四个过程约束转化为 H-V 形式如下：

$$\begin{cases} H \geqslant h_s \ln\left(\dfrac{k\rho_0 V^{6.3}}{\dot{Q}_{max}^2}\right) \\ H \geqslant h_s \ln\left(\dfrac{\rho_0 V^2}{2q_{max}}\right) \\ H \geqslant h_s \ln\left(\dfrac{C_D \rho_0 V^2 S[C_{L/D}\cos\alpha_{L/D_{max}} + \sin\alpha_{L/D_{max}}]}{2mgn_{max}}\right) \\ H \leqslant h_s \ln\left(\dfrac{C_L \rho_0 V^2 S\cos\sigma_v}{2m(g - V^2/r)}\right) \end{cases} \quad (5)$$

式（5）可以确定再入走廊范围，即：$H_{\min} \leq H \leq H_{\max}$（$H_{\min}$为走廊下边界，$H_{\max}$为走廊上边界）。

3.2 滑翔段轨迹设计和控制量求解

在超高声速飞行器再入滑翔及末制导过程中，通常滑翔段的初始速度V_0、滑翔段转末制导段的速度V_f和高度h_f事先给定，设计滑翔段H-V轨迹满足函数关系式

$$H = (h_0 - h_f)\cos\left(\frac{V_0 - V}{2(V_0 - V_f)}\pi\right) + h_f \quad (6)$$

式中，h_0为滑翔段初始高度。

由式（6）可知，在V_0、V_f、h_f确定的前提下，滑翔段的H-V轨迹由滑翔段初始高度h_0唯一确定。

对式（6）连续求导可得

$$H' = -(h_0 - h_f)\sin\left(\frac{V_0 - V}{2(V_0 - V_f)}\pi\right)\frac{-\pi}{2(V_0 - V_f)} \quad (7)$$

$$H'' = -(h_0 - h_f)\cos\left(\frac{V_0 - V}{2(V_0 - V_f)}\pi\right) \cdot$$

$$\frac{-\pi}{2(V_0 - V_f)} \cdot \frac{-\pi}{2(V_0 - V_f)} \quad (8)$$

在式（7）中，由于当$V \in [V_0, V_f]$，$H' \in \left(0, \dfrac{\pi(h_0 - h_f)}{2(V_0 - V_f)}\right)$，因此有$H' \geq 0$，且有$H'(V_0) = 0$。

为了使初始下降段与滑翔段光滑交接，且为了设计方便，初始段与滑翔段交接点需要满足一阶导数条件[4]：

$$\left(\frac{dH}{dV}\right)_{cf} = \left(\frac{dH}{dV}\right)_0 = 0, V_{cf} = V_0 \quad (9)$$

式中，$\left(\dfrac{dH}{dV}\right)_{cf}$、$\left(\dfrac{dH}{dV}\right)_0$、$V_{cf}$、$V_0$分别为初始段末端点与滑翔段初始点上高度对速度一阶导数和该点速度。

由式（7）可以得到$H'(V_0) = 0$且与参数取值无关，因而式（6）所示的H-V轨迹能够直接满足一阶导数条件。

由于攻角方案 $\alpha(V)$ 已经确定，所以只需求解侧倾角指令 σ，即可确定滑翔段轨迹。H 对 V 求导并考虑式（1）中的第1、4式可得

$$\left(\frac{\mathrm{d}H}{\mathrm{d}V}\right)_0 = \frac{\dot{H}}{\dot{V}} = \frac{V\sin\theta}{-\dfrac{D}{m} - g\sin\theta} \tag{10}$$

式（7）与式（10）相等即 $\dfrac{\mathrm{d}H}{\mathrm{d}V} = H'$，然后可确定 $\theta(V)$。同理，H 对 V 求二阶导数并考虑式（1）、式（10），有

$$\frac{\mathrm{d}^2 H}{\mathrm{d}V^2} = \frac{\mathrm{d}\left(\dfrac{\mathrm{d}H}{\mathrm{d}V}\right)}{\mathrm{d}V} = \frac{\dfrac{\mathrm{d}\left(\dfrac{\mathrm{d}H}{\mathrm{d}V}\right)}{\mathrm{d}t}}{\dfrac{\mathrm{d}V}{\mathrm{d}t}} = \frac{\dfrac{\mathrm{d}\left(\dfrac{\dot{H}}{\dot{V}}\right)}{\mathrm{d}t}}{\dot{V}}$$

$$= \frac{\dfrac{\ddot{H}\dot{V} - \dot{H}\ddot{V}}{\dot{V}^2}}{\dot{V}} = \frac{\ddot{H}\dot{V} - \dot{H}\ddot{V}}{\dot{V}^3} \tag{11}$$

其中，

$$\ddot{H} = \dot{V}\sin\theta + V\dot{\theta}\cos\theta \tag{12}$$

$$\ddot{V} = -\frac{D'(V)\dot{V}}{m} - g\dot{\theta}\cos\theta \tag{13}$$

式（8）与式（11）相等，即 $\dfrac{\mathrm{d}^2 H}{\mathrm{d}V^2} = H''$，则可求得 $\dot{\theta}$，考虑式（1）中第2式，将其代入，即可求得 $\cos\sigma$ 为

$$\cos(\sigma) = \frac{\dfrac{\dfrac{\mathrm{d}^2 H}{\mathrm{d}V^2}\dot{V}^3 - \dot{V}^2\sin\theta - \dfrac{\dot{H}D'(V)\dot{V}}{m}}{V\dot{V}\cos\theta + \dot{H}g\cos\theta}V - \left(\dfrac{V^2}{r} - g\right)\cos\theta}{\dfrac{L}{m}} \tag{14}$$

对式（14）进行反余弦求解即可得到滑翔段侧倾角指令 σ[9]。

需要说明的是，如果出现 $|\cos\sigma| > 1$ 的情况，则无法求解 σ，即出现奇异现象，而 $\cos\sigma$ 的取值与滑翔段轨迹的设计形式有密切的关系。本文设计的滑翔段 H-V 方案只取决于初始高度 h_0，因此，该方法

的主要思路为：通过计算，获得 H-V 轨迹既在再入走廊内又不会出现控制量侧倾角奇异的初始高度集合，即得到滑翔段初始高度 h_0 的可行范围 D。

假设在速度由 V_0 减小为 V_f 的过程中，由 h_0 决定的轨迹高度满足 $H_{\min} \leqslant H \leqslant H_{\max}$，即得到的 H-V 轨迹在再入走廊内，则此 h_0 可行，这些可行的 h_0 组成可行域 D_1。假设在 $H_{0\min} \leqslant h_0 \leqslant H_{0\max}$（$H_{0\min}$、$H_{0\max}$ 分别为速度为 V_0 时再入走廊高度的最小和最大值）范围内，能够保证控制量求解不出现奇异现象的 h_0 的可行域为 D_2。

再入走廊确定后，即可确定 $H_{0\min}$ 和 $H_{0\max}$，初始速度 V_0 确定后，h_0 可以从最低点开始以固定步长 Δh 递增判断是否满足 $H_{\min} \leqslant H \leqslant H_{\max}$，进而确定 D_1。同理，可以通过求解式（14）判断是否奇异，即此时的 h_0 是否可行，进而确定可行域 D_2。最后取 D_1、D_2 交集即可最终确定 h_0 的可行域 D，此可行域可作为再入初始段轨迹设计的末端约束，为再入初始段轨迹的设计提供参考信息。若 D 为空集，即式（6）的 H-V 轨迹无法取得，原因在于再入走廊设计得不合理。例如，走廊在 $V=V_{\max}$ 时高度范围过高，因此无法求得不出现奇异的侧倾角指令，需要调整再入走廊，途径为调节滑翔段攻角方案，在导弹合理的滑翔攻角范围内重新选取攻角 α_H，设计再入走廊。

求得滑翔段初始高度 h_0 范围后，初始下降段设计需要考虑末段高度、速度、弹道倾角约束，由于高斯伪谱法在约束处理上具有精度高、速度快的优点，且 Matlab GpopsⅡ工具箱相对成熟，使用方便，因此本文初始下降段采用高斯伪谱法求解弹道。由于初始段轨迹设计不是本文的重点，因此省略具体求解过程。

综上，本文基于 H-V 规划的再入滑翔制导方法的具体步骤为：

步骤一：根据飞行器的总体参数确定再入滑翔段攻角方案与路径约束（热流密度、过载、动压约束、准平衡滑翔约束）。

步骤二：将过程约束进行 H-V 转化，确定 H-V 再入走廊上下界。

步骤三：给定滑翔段的初始速度 V_0、末端速度和高度 V_f、H_f，确定如式（6）所示的再入滑翔段 H-V 轨迹。判断起始高度 h_0 的可行域

D_1、D_2，得到 D 进入步骤四，否则回到步骤一重新调节攻角方案。

步骤四：将 D 作为初始段末端高度约束，通过高斯伪谱法等方法设计初始段轨迹，确定满足初始段约束的某个 h_0。

步骤五：根据 h_0 确定式（6）所对应的滑翔段 H-V 轨迹，并求解理想侧倾角指令，完成再入滑翔轨迹设计。

将上述步骤绘制成流程图，如图 2 所示。

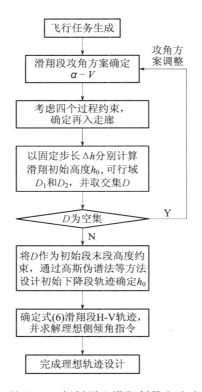

图 2　基于 H-V 规划再入滑翔制导方法流程图

4　仿真分析

假设某超高声速再入飞行器初始下降段和滑翔段分界点的速度 $V_0 = 1\ 800$ m/s，滑翔段攻角方案为 $\alpha_H = 8.5°$，过程约束 $\dot{Q}_{max} = 300$ kW/m²、$q_{max} = 80\ 000$ Pa、$n_{max} = 10$，飞行器再入滑翔的初始条件如表 1 所示（表中,下标"0"表示初始值),滑翔段末端状态 $H_f = 10$ km、$V_f = 200$ m/s。

表 1 初始条件

H_0	λ_0	φ_0	V_0	θ_0	ψ_{V0}
60 km	0	0	2 000 m/s	0	0

根据 3.1 节内容可确定再入走廊如图 3 所示。

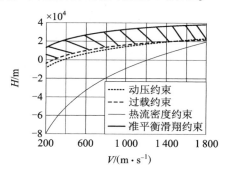

图 3 再入走廊曲线

判断初始高度 h_0 的可行域 D,首先由图 3 可以确定滑翔段初始点的高度边界为 $h_{0\min} = 24\,000$ m、$h_{0\max} = 38\,000$ m。考虑走廊的高度范围从最低点 $h_0 = h_{0\min}$ 开始以固定步长 $\Delta h = 200$ m 判断是否满足再入走廊约束,如果不满足则排除此高度。选取其中几条滑翔段轨迹如图 4 所示。

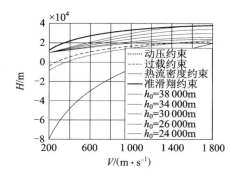

图 4 不同 h_0 下滑翔段 H-V 轨迹图

可知，在初选的 h_0 范围上，所设计的 H-V 轨迹无法严格满足再入走廊约束，根据计算和仿真可知当 24 000 m ≤ h_0 ≤ 37 800 m 时，滑翔段轨迹满足再入走廊要求，此时得到了可行域 D_1。

为了确定可行域 D_2，在 V ∈ ［200 m/s, 1 800 m/s］、h_0 ∈ ［$h_{0\min}$, $h_{0\max}$］时，求解式（14），并将 cosσ 图像绘制出来，如图 5 所示。

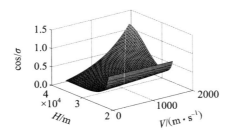

图 5　cosσ 函数图像

由图 5 可见，有部分 cosσ 值大于 1，因此会出现奇异现象。（V, H）组合（1 800 m/s, 38 000 m）是 cosσ 的最高点，奇异区域只出现在最高点附近。h_0 以步长 Δh = 200 从最低点（1800 m/s, 24 000 m）开始依次计 cosσ 算值，如果出现 cosσ > 1 则排除此高度。通过计算可知 h_0 = 36 000 m 为临界高度，当 h_0 > 36 000 m 时，会出现 cosσ > 1，因此可以确定 D_2（24 000 m ≤ h_0 ≤ 36 000 m）。与 D_1 取交集即可最终确定可行域 D（24 000 m ≤ h_0 ≤ 36 000 m）。

综上所述，D = ［24 000 m, 36 000 m］是 h_0 满足要求的可行域，滑翔段初始高度只要满足可行域 D，则 H-V 轨迹符合再入走廊的要求，同时可避免控制量出现奇异的现象。将 D 作为初始段末端高度约束，可通过高斯伪谱法 GpopsⅡ工具箱综合考虑高度、速度、弹道倾角约束快速生成初始段轨迹，进而确定具体的 h_0，再根据步骤五完成再入滑翔轨迹设计。本算例中，确定的 h_0 = 35 000 m（由于初始段轨迹设计不是本文的重点，省略具体仿真过程），则基于式（6）的滑翔段 H-V 轨迹如图 6 所示，求得的控制量侧倾角如图 7 所示。

由图 6 和图 7 可见，对应于 h_0 = 35 000 m 的滑翔段轨迹在再入走廊内，同时侧倾角没有出现奇异的现象。

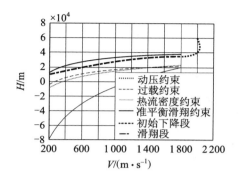

图 6　再入滑翔段 H-V 轨迹

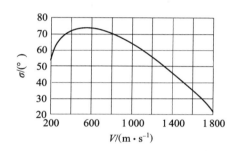

图 7　滑翔段侧倾角指令

5　结束语

本文基于 H-V 剖面提出一种改进的再入滑翔轨迹设计与跟踪制导方法。在给定滑翔段初始速度及末端速度和高度的前提下,设计了一种由滑翔段初始高度唯一确定的滑翔段 H-V 轨迹,推导得到实现此轨迹的侧倾角指令。采用逐步计算的方法获得滑翔段初始高度的可行域,既保证了滑翔段轨迹满足多种约束,又避免了出现侧倾角饱和的问题。将其作为再入初始段轨迹的终端约束。通过初始段设计得到某一确定可行的滑翔段初始高度,进而得到滑翔段的确定 H-V 轨迹和侧倾角指令。仿真结果验证了本文方法的有效性。本文的研究工作可为超高声速飞行器再入滑翔段轨迹设计与跟踪制导研究提供借鉴意义。

参考文献

[1] 黄长强,国海峰,丁达理. 高超声速滑翔飞行器轨迹优化与制导综述 [J]. 宇航学报,2014,35(4).

[2] Kluever C,Horneman K,Schierman J. Rapid terminal trajectory planner for an unpowered reusable launch vehicle [J]. AIAA Journal,2013.

[3] Shen Z,Lu P. Onboard generation of three-dimensional constrained entry trajectories [J]. Journal of Guidance Control & Dynamics,2003,26(1).

[4] 李惠峰,谢陵. 基于预测校正方法的 RLV 再入制导律设计 [J]. 北京航空航天大学学报,2009,35(11).

[5] 李强,夏群利,郭涛,等. 一种基于解析规划的多约束再入制导算法 [J]. 弹箭与制导学报,2013,33(1).

[6] 刘欣. 助推—滑翔式飞行器弹道设计与制导技术研究 [D]. 长沙:国防科学技术大学,2012.

[7] 苏二龙,罗建军. 基于三维平衡滑翔空间的高超声速再入制导律设计 [J]. 中国科学:信息科学,2016,46(9).

[8] Lu P. Predictor-corrector entry guidance for low-lifting vehicles [J]. Journal of Guidance Control & Dynamics,2008,31(4).

[9] 李强. 高超声速滑翔飞行器再入制导控制技术研究 [D]. 北京:北京理工大学,2015.

[10] 易腾. 高超声速滑翔式再入飞行器制导方法研究 [D]. 长沙:国防科学技术大学,2014.

[11] 钱杏芳,林瑞雄,赵亚男. 导弹飞行力学 [M]. 北京:北京理工大学出版社,2013.

毫米波导引头目标再捕获方法

陈士超　卢福刚　刘钧圣　王　军　刘　明

　　针对毫米波导引头转入跟踪后经常出现丢失目标的问题，本文提出了一种适用于窄波束角毫米波导引头目标再捕获的定位方法。首先，利用弹上惯性导航装置提供的导弹位置信息、姿态信息以及导引头提供的弹目距离等信息求解感兴趣目标的位置信息；然后，导引头根据定位信息进行二次扫描搜索。所提算法可显著缩短窄波束角毫米波导引头二次捕获目标的时间，以保证足够的末制导时间实现目标的有效打击。

1 引言

与红外、激光设备相比较,毫米波制导武器在特定传输窗口的大气衰减和损耗较低,有很好的穿透烟、尘、雨、雾的传播特性,可在恶劣的气象和战场环境下全天时、全天候工作[1,2]。主动式毫米波导引头可进行目标的自主选择攻击,实现"发射后不管"功能,毫米波制导体制可大幅提升导弹发射平台和飞行员的安全。

随着电子对抗技术以及毫米波通信技术的飞速发展,未来战场的电磁环境将变得日趋复杂,这将大大降低主动雷达制导导弹的作战效能[3]。因此从抗干扰的角度来讲,发展短波长波段的导引头是必然趋势,如 W 波段的导引头,因为其可用带宽很宽,采用大带宽、步进频技术可实现高分辨的一维距离成像,在敌方不知道被干扰的工作频率时,很难进行干扰。因为天线波束窄,其具有较高的角度分辨率,提高了导引头的跟踪精度、制导精度和目标识别能力。同时,由于工作波长短,对相同的目标速度可以获得更大的多普勒频移,大大增强了对低速目标的识别能力,从而增强了导引头对地面运动目标的攻击能力[4]。

在探测和截获方面,要求毫米波导引头不仅要有较大的辐射功率和扫描范围,还要有较高的截获速度和截获灵敏度,而在天线口径相同的情况下,毫米波的波束比微波波束窄。因此窄波束毫米波导引头探测、截获目标较为困难,存在跟踪不稳定甚至丢失目标的问题[5,6]。准确、快速的目标定位,保证导引头实现目标丢失后的再捕获尤为重要,因此急需研究适用于窄波束的毫米波导引头目标再捕获方法,为末制导控制和精确打击技术提供基础。传统的雷达导引头目标再捕获技术一般采用导弹击发时刻火控系统提供的目标定位信息,一旦目标丢失,导引头再次以原目标信息进行扫描搜索,以实现对目标的再捕获。对于窄波束毫米波导引头来说,尤其对于小型毫米波战术导弹而言,当导引头丢失目标时,导弹距离目标的剩余飞行时间已经很少,如果再次利用火控系统提供的目标定位信息进行扫描搜索,由于此时火控系统的目标指示信息精度较差，势必会导致毫米波导引头再次捕获目标所需的时间较长，即使导引头能够实现目标的再捕获，但因为末制导时间不够，导弹仍然不能准确命中目标。

针对以上问题，本文提出了一种简单的适用于窄波束毫米波导引头的目标再捕获方法，解决毫米波导弹丢失目标后，需要导引头进行二次扫描搜索，确定目标位置的问题。根据弹上惯性导航装置测量的导弹位置信息、毫米波导引头测量的弹目距离（导弹与目标距离）以及角度信息求解待攻击目标的位置信息，导引头据此目标位置信息进行二次扫描搜索，该方法可有效缩短窄波束毫米波导引头再捕获目标所需的时间，保证了导弹的末制导时间。

2 毫米波导引头目标定位机理

当导弹飞行至导引头的有效作用距离时[7,8]，毫米波制导空地导弹导引头解锁（即解除导引头锁定状态，发射电磁波，搜索探测目标）开始工作，搜索并捕获目标后输出制导所需信息，导引头工作示意图如图1所示。准确的目标指向可大幅减小导引头捕获目标的压力，目标的准确定位对毫米波导引头的准确指向至关重要。

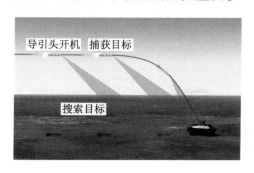

图1 导引头工作示意图

首先，对导引头的指向进行推导。导弹与目标的几何关系示意图如图2所示，图中 M 表示离轨前导弹所在的位置，P 表示感兴趣目标所在位置，在导弹发射前，目标在北天东系的坐标位置 (x_t, y_t, z_t) 为

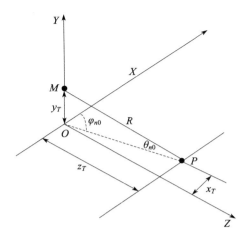

图 2　导弹与目标的几何关系示意图

$$\begin{cases} x_t = R \times \cos(\theta_{n0}) \times \cos(\varphi_{n0}) \\ y_t = R \times \sin(\theta_{n0}) \\ z_t = R \times \cos(\theta_{n0}) \times \sin(\varphi_{n0}) \end{cases} \quad (1)$$

式中，R 为导弹发射前火控系统（机载稳瞄系统或者雷达系统）测出的弹目距离；θ_{n0} 为目标俯仰角；φ_{n0} 为目标方位角。假设感兴趣目标为静止目标，建立发射坐标系后，可得到目标在发射坐标系下的坐标 (x_{t0}, y_{t0}, z_{t0}) 为

$$\begin{bmatrix} x_{t0} \\ y_{t0} \\ z_{t0} \end{bmatrix} = \boldsymbol{A}(\varphi_{bx}) \begin{bmatrix} x_t \\ y_t \\ z_t \end{bmatrix} \quad (2)$$

其中，坐标转换矩阵 $\boldsymbol{A}$ 为

$$\boldsymbol{A}(\varphi_{bx}) = \begin{bmatrix} \cos\varphi_{bx} & 0 & -\sin\varphi_{bx} \\ 0 & 1 & 0 \\ \sin\varphi_{bx} & 0 & \cos\varphi_{bx} \end{bmatrix} \quad (3)$$

式中，φ_{bx} 表示北向角。由于弹上惯性导航装置可实时给出弹体位置坐标 (x_m, y_m, z_m)，可将导引头坐标原点平移至导弹位置，此时导引头位置坐标为 (x_{t1}, y_{t1}, z_{t1})，即

$$\begin{cases} x_{t1} = x_{t0} - x_m \\ y_{t1} = y_{t0} - y_m \\ z_{t1} = z_{t0} - z_m \end{cases} \quad (4)$$

同样，弹上惯性导航装置可实时给出弹体的姿态（ϑ，φ，γ），ϑ 表示导弹的俯仰角，φ 表示导弹的偏航角，γ 表示导弹的滚转角，将导引头位置坐标（x_{t1}，y_{t1}，z_{t1}）变换到弹体坐标系[9]，得到

$$\begin{bmatrix} x_{t2} \\ y_{t2} \\ z_{t2} \end{bmatrix} = \boldsymbol{A}(\vartheta,\varphi,\gamma) \begin{bmatrix} x_{t1} \\ y_{t1} \\ z_{t1} \end{bmatrix} \quad (5)$$

其中，

$$\boldsymbol{A}(\vartheta,\varphi,\gamma) = \begin{bmatrix} \cos\vartheta\cos\varphi & \sin\vartheta & -\cos\vartheta\sin\varphi \\ -\sin\vartheta\cos\varphi\cos\gamma + \sin\varphi\sin\gamma & \cos\vartheta\cos\gamma & \sin\vartheta\sin\varphi\cos\gamma + \cos\varphi\sin\gamma \\ \sin\vartheta\cos\varphi\sin\gamma + \sin\varphi\cos\gamma & -\cos\vartheta\sin\gamma & -\sin\vartheta\sin\varphi\sin\gamma + \cos\varphi\cos\gamma \end{bmatrix}$$
$$(6)$$

获得（x_{t2}，y_{t2}，z_{t2}）后，可获得目标的指向角度。偏航指向角 φ_{pt} 可表示为

$$\varphi_{pt} = \arctan\left(\frac{z_{t2}}{x_{t2}}\right) \quad (7)$$

俯仰指向角 ϑ_{pt} 可表示为

$$\vartheta_{pt} = \arcsin\frac{y_{t2}}{\sqrt{x_{t2}^2 + y_{t2}^2 + z_{t2}^2}} \quad (8)$$

通过式（7）与式（8），获得了目标的俯仰和偏航方向的指向角。理想情况下，若目标指向完全精确，则毫米波导引头开始工作后，导引头伺服控制其框架运动到指定方向即可快速捕获目标。

然而实际情况下，武器系统的误差较大，导引头往往还需要经过较为复杂的扫描搜索和目标选择过程才能实现对目标的准确捕获。换言之，式（1）中的弹目距离 R、目标俯仰角 θ_{n0} 和目标方位角 φ_{n0} 的测量精度并不高。以小型直升机载毫米波空地导弹为例，武器系

统通过机载雷达进行距离和角度测量时,其精度较差,通常测量得到的目标定位误差为几百米。此外,不同于激光和红外"人在回路"的制导体制,毫米波导引头对于复杂的背景条件较为敏感[10],目标识别和选择的难度很大。因此,在实际情况中,对于窄波束毫米波雷达导引头而言,较为复杂的导引头扫描搜索和目标选择过程是不可避免的。

3 毫米波导引头目标再捕获方法

毫米波导引头捕获目标转入末制导阶段后,如果目标丢失,可以采取火控系统给出的目标位置指向并结合后续的导引头扫描搜索方案实现导引头对目标的二次捕获。然而,毫米波导引头的作用距离较小,以 W 波段小型毫米波空地导弹的导引头为例,其捕获并跟踪目标时,导弹与目标的距离仅有 2.5 km 左右。此时,如果仍然利用火控系统给出的误差较大的目标定位信息,则势必导致导引头扫描搜索目标的时间变长。即使毫米波导引头能够实现目标的再次捕获,由于末制导时间不够,仍然无法保证导弹能够准确命中目标。

本文提出一种简单有效的目标再捕获方法,以毫米波导引头丢失目标前截获的目标位置替代式(1)中的目标位置,弹上制导控制计算机根据更新后的位置信息生成指向指令,提高方法精度,有效缩短毫米波导引再次捕获目标的时间,为导引头的扫描搜索过程提供时间保障。

弹上制导控制计算机可以根据惯性导航装置给出的弹体位置和目标位置信息,实时解算出导弹与目标之间的距离 R_{dm},由两点间距离公式,有

$$R_{dm} = \sqrt{(x_{t0} - x_m)^2 + (y_{t0} - y_m)^2 + (z_{t0} - z_m)^2} \tag{9}$$

毫米波导引头实时输出依据电磁波探测出的导弹与目标的距离为

$$R_{dm} = \frac{1}{2}ct \tag{10}$$

式中,c 为光速;t 为电磁波在大气中往返导引头与目标之间所需的传

递时间。

根据弹体位置与目标之间的几何关系,俯仰视线角 ε 的计算公式为

$$\varepsilon = \arcsin\left(\frac{y_{t0} - y_m}{R_{dm}}\right) \quad (11)$$

偏航视线角 β 的计算公式为

$$\beta = \arctan\left(\frac{z_{t0} - z_m}{x_{t0} - x_m}\right) \quad (12)$$

假定毫米波导引头在首次捕获时间内的输出信息是准确的。二次捕获的最终目的,即再次精确求出的目标位置坐标为 (x_{t0}, y_{t0}, z_{t0})。

对式(11)左右两边取平方,联立式(9),整理可得

$$\frac{1}{\sin^2\varepsilon} = \left(\frac{x_{t0} - x_m}{y_{t0} - y_m}\right)^2 + 1 + \left(\frac{z_{t0} - z_m}{y_{t0} - y_m}\right)^2 \quad (13)$$

又因为

$$\frac{z_{t0} - z_m}{y_{t0} - y_m} = \frac{z_{t0} - z_m}{x_{t0} - x_m} \times \frac{x_{t0} - x_m}{y_{t0} - y_m} \quad (14)$$

将式(12)的结果代入式(14),可得

$$\frac{z_{t0} - z_m}{y_{t0} - y_m} = \frac{x_{t0} - x_m}{y_{t0} - y_m}\tan\beta \quad (15)$$

将式(15)代入式(13),整理可得

$$\frac{\cot^2\varepsilon}{1 + \tan^2\beta} = \left(\frac{x_{t0} - x_m}{y_{t0} - y_m}\right)^2 \Rightarrow \frac{y_{t0} - y_m}{x_{t0} - x_m} = \tan\varepsilon\sec\beta \quad (16)$$

联立式(9)、式(12)与式(16),对导弹与目标之间的距离表达式进行整理,可得

$$\begin{aligned} R_{dm} &= \sqrt{(x_{t0} - x_m)^2 + (y_{t0} - y_m)^2 + (z_{t0} - z_m)^2} \\ &= (x_{t0} - x_m)\sqrt{1 + \left(\frac{y_{t0} - y_m}{x_{t0} - x_m}\right)^2 + \left(\frac{z_{t0} - z_m}{x_{t0} - x_m}\right)^2} \\ &= (x_{t0} - x_m)\sqrt{1 + \tan^2\varepsilon\sec^2\beta + \tan^2\beta} \end{aligned} \quad (17)$$

至此,可求得毫米波导引头进行二次捕获所需的目标指示位置的 X 向位置为

$$x_{t0} = x_m + \frac{R_{dm}}{\sqrt{1 + \tan^2\varepsilon \sec^2\beta + \tan^2\beta}} \quad (18)$$

对式（11）进行变形，可求得对应的 Y 向位置为

$$y_{t0} = y_m + R_{dm}\sin\varepsilon \quad (19)$$

联立式（12）与式（18），可求得对应的 Z 向位置为

$$z_{t0} = z_m + \frac{R_{dm}\tan\beta}{\sqrt{1 + \tan^2\varepsilon \sec^2\beta + \tan^2\beta}} \quad (20)$$

此时，二次捕获目标的定位位置 (x_{t0}, y_{t0}, z_{t0}) 可表示为

$$\begin{cases} x_{t0} = x_m + \dfrac{R_{dm}}{\sqrt{1 + \tan^2\varepsilon \sec^2\beta + \tan^2\beta}} \\ y_{t0} = y_m + R_{dm}\sin\varepsilon \\ z_{t0} = z_m + \dfrac{R_{dm}\tan\beta}{\sqrt{1 + \tan^2\varepsilon \sec^2\beta + \tan^2\beta}} \end{cases} \quad (21)$$

式（21）中的各变量都可以由惯性导航装置和导引头输出。导引头重新开始捕获目标时，将式（21）所表示的目标位置代入式（4），目标指向按式（7）和式（8）进行。

4 误差分析

以俯仰方向的误差为例，对采用式（21）进行目标定位的方法所引入的误差进行简要的讨论。先通过以下简化模型对所提方法产生的定位误差进行分析，毫米波导引头丢失目标时刻惯性导航装置位置 $y_m(t_1)$ 的误差源主要考虑初始位置误差 δx_0、初始速度误差 δv_0、初始俯仰角的姿态误差 $\delta \vartheta_0$、初始偏航角的姿态误差 $\delta \varphi_0$、加速度计的固定零偏 B_A、安装不对准 M_A 以及陀螺仪的固定零偏 B_G。以上各项产生的横向位置误差传播的表达式可分别近似为 δx_0、$\delta v_0 t$、$g\delta\vartheta_0 t^2/2$、$\iint \delta\varphi_0 a(t)\mathrm{d}t\mathrm{d}t$、$B_A t^2/2$、$\iint M_A a(t)\mathrm{d}t\mathrm{d}t$ 以及 $\iint B_G a(t)\mathrm{d}t\mathrm{d}t$[11]。再假设 t_1 时刻毫米波导引头捕获目标，丢失目标后，t_2 时刻毫米波导引头重新计算目标指向。由式（21）可知，t_1 时刻目标的 Y 向坐标可表示为

$y_{t0} = y_m + R_{dm}\sin\varepsilon$，其定位精度受限于惯性导航装置以及导引头输出参数的精度。

以某直升机载毫米波制导空地导弹为例，假设导弹从静止状态以 80 m/s² 的加速度飞行了 4 s，然后以 320 m/s 的速度飞行 20 s，导弹射程约为 7 km。假定窄波束毫米波导引头的有效作用距离为 2.5 km，即导弹飞行时导引头开始工作，若导引头在解锁后的某时刻丢失目标，比如 17 s 时，则各横向位置误差为 $\delta x_0 = 20$ m、$\delta v_0 t = 17$ m($\delta v_0 = 1$ m/s)、$g\delta\vartheta_0 t^2/2 = 2.5$ m($\delta\vartheta_0 = 0.1°$)、$\iint\delta\varphi_0 a(t)\mathrm{d}t\mathrm{d}t = 23.7$ m($\delta\varphi_0 = 0.25°$)、$B_A t^2/2 = 7.2$ m($B_A = 5$ mg)、$\iint M_A a(t)\mathrm{d}t\mathrm{d}t = 13.6$ m($M_A = 0.25\%$)和 $\iint B_G a(t) t \mathrm{d}t\mathrm{d}t = 2.6$ m($B_G = 50°/\mathrm{h}$)。以上各项均以陀螺仪和加速度计 1σ 测量零偏计算，则 1σ 平方根误差为 38.7 m。

提取导引头工作后俯仰视线角所在平面，进行 $R_{dm}\sin\varepsilon$ 的误差分析，相应的几何关系示意图如图 3 所示。图中，Ox_1 表示弹体坐标系的 X 轴，OX_s 表示导引头天线轴坐标系的 X 轴，P 表示目标位置，ε_m 表示导引头的俯仰失调角，ϑ_g 表示导引头的俯仰框架角。由图 3 的几何关系，俯仰视线角 ε 可表示为

$$\varepsilon = \vartheta + \vartheta_g + \varepsilon_m \tag{22}$$

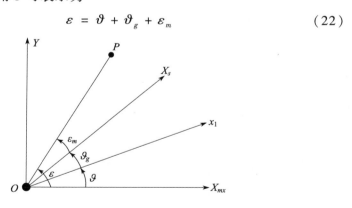

图 3　俯仰视线角

在俯仰视线角不大的条件下 $\sin\varepsilon \approx \varepsilon$，且忽略俯仰失调角的影响，结合式（22），有 $\varepsilon \approx \vartheta + \vartheta_g$。导引头正常工作状态下测得的弹目距离

R_{dm} 和框架角 ϑ_g 的误差可以忽略,ϑ 的误差可一阶近似表示为

$$\Delta\vartheta \approx \delta\vartheta_0 + B_G t \tag{23}$$

将上述参数代入式(23),可知 $\Delta\vartheta$ 为 0.104°,假设此时的弹目距离 R_{dm} 为 1 km 左右,则由于惯性导航装置俯仰角度偏差导致的定位误差约为 $R_{dm}\Delta\vartheta\pi/180 = 1.8$ m。

以上误差均以毫米波导引头丢失目标时刻的数据进行计算,而实际上,导引头一旦开始工作并捕获目标,弹上计算机即开始利用式(21)更新目标位置,即实际计算出的目标定位误差要更小。若继续采用原始火控系统提供的坐标信息,坐标定位的误差通常为几百米的量级,会致使毫米波导引头无法再次捕获目标。

此外,因为 $y_{t1} = y_{t0} - y_m$,即 $y_{t1} = y_m(t_1) + R_{dm}\sin\varepsilon - y_m(t_2)$,由式(4)可见,所提方法中惯性导航装置的累积误差并不会完全耦合进目标指向的计算。实际上,惯性导航装置 t_1 时间之前累积的惯性导航装置误差可以被抵消掉,实际误差的大小仅为几米的量级,后文将对此误差量级进行较为详细的分析。而利用火控系统信息进行目标指向解算时,不但火控系统定位的误差不可避免,惯性导航装置的累积误差也无法被抵消。

接下来以导引头俯仰框架角为例,说明本文所提定位方法的优越性。

同样的,若 $\varepsilon \approx \vartheta + \vartheta_g$,可将式(21)简化为

$$y_{t0}(t_1) = y_m(t_1) + R_{dm}(t_1)[\vartheta(t_1) + \vartheta_g(t_1)] \tag{24}$$

考虑惯性导航装置和导引头误差条件下(这里忽略雷达探测距离的误差),目标的 Y 向位置坐标可表示为

$$\tilde{y}_{t0}(t_1) = \tilde{y}_m(t_1) + R_{dm}(t_1)[\tilde{\vartheta}(t_1) + \tilde{\vartheta}_g(t_1)] \tag{25}$$

t_2 时刻导引头俯仰框架角的理论值为

$$\vartheta_{gT}(t_2) = \arcsin\left[\frac{y_{t0}(t_1) - y_m(t_2)}{R_{dm}(t_2)}\right] - \vartheta(t_2) \tag{26}$$

在小角度条件下,式(26)可近似为

$$\vartheta_{gT}(t_2) = \frac{y_{t0}(t_1) - y_m(t_2)}{R_{dm}(t_2)} - \vartheta(t_2) \tag{27}$$

丢失目标时,利用惯性导航装置和导引头测量值,计算出的导引头俯仰框架角可表示为

$$\tilde{\vartheta}_g(t_2) = \frac{\tilde{y}_{t0}(t_1) - \tilde{y}_m(t_2)}{R_{dm}(t_2)} - \tilde{\vartheta}(t_2) \quad (28)$$

因此,考虑系统误差后产生的俯仰框架角误差 $\Delta\vartheta_{gT}$ 可表示为

$$\Delta\vartheta_g = \vartheta_g(t_2) - \vartheta_{gT}(t_2) \quad (29)$$

式中,$\vartheta_g(t_2)$ 为 t_2 时刻导引头俯仰框架角的真实值。此处,为使得后续误差分析更为清晰,将其表示为

$$\vartheta_g(t_2) = \tilde{\vartheta}_g(t_2) - [\tilde{\vartheta}_g(t_2) - \vartheta_g(t_2)] \quad (30)$$

$\tilde{\vartheta}_g(t_2) - \vartheta_g(t_2)$ 表示 t_2 时刻导引头框架角的系统误差。

将式(27)、式(28)与式(30)代入式(29),整理可得

$$\Delta\vartheta_g = \frac{\tilde{y}_{t0}(t_1) - \tilde{y}_m(t_2)}{R_{dm}(t_2)} - \tilde{\vartheta}(t_2) - [\tilde{\vartheta}_g(t_2) - \vartheta_g(t_2)]$$

$$= \left[\frac{y_{t0}(t_1) - y_m(t_2)}{R_{dm}(t_2)} - \vartheta(t_2)\right]$$

$$= \frac{\tilde{y}_{t0}(t_1) - y_{t0}(t_1)}{R_{dm}(t_2)} - \frac{\tilde{y}_m(t_2) - y_m(t_2)}{R_{dm}(t_2)} -$$

$$[\tilde{\vartheta}(t_2) - \vartheta(t_2)] - [\tilde{\vartheta}_g(t_2) - \vartheta_g(t_2)] \quad (31)$$

再将式(24)与式(25)代入式(31),可得

$$\Delta\vartheta_g = \frac{\tilde{y}_{t0}(t_1) - y_{t0}(t_1)}{R_{dm}(t_2)} - \frac{\tilde{y}_m(t_2) - y_m(t_2)}{R_{dm}(t_2)} - [\tilde{\vartheta}(t_2) - \vartheta(t_2)] -$$

$$[\tilde{\vartheta}_g(t_2) - \vartheta_g(t_2)]$$

$$= \frac{\tilde{y}_m(t_1) - y_m(t_1)}{R_{dm}(t_2)} + \frac{R_{dm}(t_1)[\tilde{\vartheta}(t_1) - \vartheta(t_1)]}{R_{dm}(t_2)} +$$

$$\frac{R_{dm}(t_1)[\tilde{\vartheta}_g(t_1) - \vartheta_g(t_1)]}{R_{dm}(t_2)} - \frac{\tilde{y}_m(t_2) - y_m(t_2)}{R_{dm}(t_2)} -$$

$$[\tilde{\vartheta}(t_2) - \vartheta(t_2)] - [\tilde{\vartheta}_g(t_2) - \vartheta_g(t_2)] \quad (32)$$

对式(32)进行整理,可得

$$\Delta\vartheta_g = \frac{[\tilde{y}_m(t_1) - y_m(t_1)] - [\tilde{y}_m(t_2) - y_m(t_2)]}{R_{dm}(t_2)} + \frac{R_{dm}(t_1)}{R_{dm}(t_2)}$$

$$[\tilde{v}(t_1) - \vartheta(t_1)] - [\tilde{v}(t_2) - \vartheta(t_2)] +$$
$$\frac{R_{dm}(t_1)}{R_{dm}(t_2)}[\tilde{v}_g(t_1) - \vartheta_g(t_1)] - [\tilde{v}_g(t_2) - \vartheta_g(t_2)] \quad (33)$$

观察式（33），可以发现整个误差项 $\Delta\vartheta_g$ 由惯性导航装置位置误差项 $\Delta\varphi_e$、惯性导航装置姿态误差项 $\Delta\vartheta_e$ 以及导引头框架角误差项 $\Delta\vartheta_{ge}$ 三部分组成。

$$\Delta\varphi_e = \frac{[\tilde{y}_m(t_1) - y_m(t_1)] - [\tilde{y}_m(t_2) - y_m(t_2)]}{R_{dm}(t_2)} \quad (34)$$

$$\Delta\vartheta_e = \frac{R_{dm}(t_1)}{R_{dm}(t_2)}[\tilde{v}(t_1) - \vartheta(t_1)] - [\tilde{v}(t_2) - \vartheta(t_2)] \quad (35)$$

$$\Delta\vartheta_{ge} = \frac{R_{dm}(t_1)}{R_{dm}(t_2)}[\tilde{v}_g(t_1) - \vartheta_g(t_1)] - [\tilde{v}_g(t_2) - \vartheta_g(t_2)] \quad (36)$$

由式（36）可见，其表征的是 t_1 和 t_2 时刻毫米波导引头框架角系统误差的差值，该误差可以忽略不计。接下来，对式（34）和式（35）表征的误差进行分析。

式（34）中，$\tilde{y}_m(t_1) - y_m(t_1)$ 表示 t_1 时刻惯性导航装置 Y 向位置测量值与真实值之间的误差，$\tilde{y}_m(t_2) - y_m(t_2)$ 表示 t_2 时刻测量值与真实值之间的误差。由惯性导航装置误差分析方法可知，$[\tilde{y}_m(t_1) - y_m(t)] - [\tilde{y}_m(t_2) - y_m(t_2)]$ 的误差大小取决于 $\Delta t = t_2 - t_1$ 的大小，而 Δt 的大小取决于丢失目标后，毫米波导引头再次开始捕获目标的时刻选择。通常情况下，导引头丢失目标后，不会立即开始再次目标扫描搜索，而是会保持记忆状态一段时间，再开启目标再捕获过程，工程上通常设置为几十毫秒。

以某型毫米波空地导弹实测数据为例，对上述误差进行定量分析。该近程空地导弹的飞行曲线如图4所示，当导弹与目标距离小于毫米波导引头的有效作用距离时，毫米波导引头发射电磁波开始探测目标，导引头输出的弹目距离如图5所示。假设导引头捕获目标后，由于各种非理想因素的存在，于22.53 s丢失目标，而后间隔0.5 s、1 s以及1.5 s后开始二次扫描搜索目标，设置为 $t_1 = 22.53$ s，t_2 分别为23.03 s、

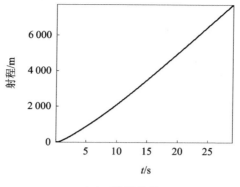

(a)射程曲线

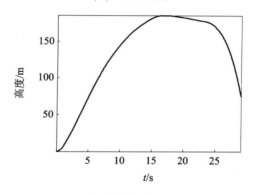

(b)高度曲线

图4 导弹的飞行曲线

23.53 s 以及 24.03 s。利用惯性导航装置误差描述方法,不同时间间隔下式(34)表示的误差分别为 0.02°、0.04°以及 0.07°。不同时间间隔下,式(35)表示的误差 $\Delta\vartheta_e = \dfrac{R_{dm}(t_1)}{R_{dm}(t_2)} B_G \Delta t$ 分别为 0.007°、0.015°以及 0.025°。由此看出,随着时间间隔的增加,各误差项均相应增加,但即使时间间隔达到 1.5 s,产生的误差仍然非常小。对俯仰框架角的指向而言,采用本文所提方法和理论值的差异非常小,产生的指向角误差完全可以忽略,即使对于 W 波段的短波长导引头而言,该指示信息也完全可以保证目标落入导引头视场之内。

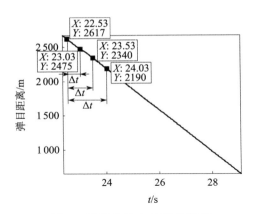

图 5　导引头输出的弹目距离

接下来对中制导误差对毫米波导引头定位的影响进行简要的描述。中制导过程中惯性测量组件也不可避免地会产生位置漂移，如果惯性测量装置的漂移较大，目标将落入导引头视场之外，毫米波导引头必须进行扫描搜索才可能捕获目标。如果中制导过程中惯性测量装置的误差进一步加大，甚至会使得毫米波导引头即使进行扫描搜索，也无法捕获感兴趣目标。

因此，为保证毫米波导引头对目标的高概率捕获，需要根据毫米波制导导弹的射程、导引头的有效作用距离等条件对惯性测量装置的精度提出要求，即需要保证中制导的指示精度。以毫米波制导空地导弹为例，假设导弹飞行 17 s 时导引头开始工作，此时惯性测量装置产生的位置误差 1σ 的平方根为 38.7 m，假设此时的弹目距离为 2.5 km，导引头波束宽度为 2.8°，则导引头地面覆盖距离大约为 122 m（为描述方便，此处忽略波束在地面投影的影响）。此时，导引头的地面覆盖距离可以容忍惯性测量装置产生的误差，即中制导的精度符合要求，即目标即落入了导引头视场内。若惯性测量误差大于 122 m，即导引头开始工作后，指示精度超出毫米波导引头视场范围，将无法直接在视场内探测到目标，此时需要进行扫描搜索。假设导引头扫描角度为 3°，则目标只需要落入导引头视线 8.8°范围内的视场，均可满足毫米波导引头捕获目标的要求。

需要说明的是,仅从导引头扫描搜索范围覆盖目标角度而言,毫米波制导导弹对惯性测量装置的精度要求并不苛刻。然而实际情形下,由于毫米波导引头是"发射后不管"自寻的导弹,存在目标识别与选择的困难。因此,设计中对惯性测量装置提出较高的要求,要求中制导提供高质量的指示精度,以保障毫米波导引头不需要进行搜索即能在视场内捕获感兴趣目标。

5 试验结果

通过导引头挂飞实测数据验证所提方法的有效性,试验中将 W 波段窄波束毫米波导引头挂载于某直升机载体平台上,载机模拟导弹的仿真弹道飞行,末段俯冲飞向目标,毫米波导引头挂飞系统的示意如图 6 所示。

载机携带毫米波导引头飞行,当导引头与目标距离到达解锁门限时,导引头发射电磁波开始搜索探测目标。在导引头飞行过程中,

图 6 毫米波导引头挂飞系统的示意

导引头丢失目标后,进行目标的二次定位与捕获,相应的试验结果如图 7 所示。从图 7 可以看出,毫米波导引头可在很短的时间内(1 s)再次捕获目标,试验结果验证了所提定位方法的有效性。

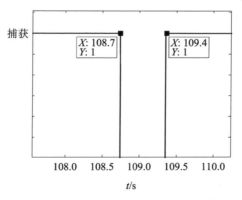

图 7 导引头二次捕获目标过程示意

6 结束语

受限于战场环境的复杂性以及毫米波导引头技术本身的特点,实际应用中,毫米波导引头往往难以实现目标的持续稳定跟踪。为解决此问题,本文提出了一种适用于毫米波导引头目标二次捕获的定位方法。不同于传统的直接利用火控系统提供的信息进行目标定位的方法,本文结合弹上惯性导航装置提供的导弹位置信息以及导引头自身输出的有效信息,实现感兴趣目标的高精度定位。所提算法在保证定位精度的前提下,可实现目标位置的快速定位,可为导弹的精确打击赢得宝贵的末制导时间。

参考文献

[1] Ayhan S, Pauli M, Scherr S, et al. Millimeter-wave radar sensor for snow height measurements [J]. IEEE Transactions on Geoscience and Remote Sensing, 2017, 55 (2).

[2] 魏伟波, 芮筱亭, 陈娅莎. 毫米波雷达导引头技术研究 [J]. 战术导弹技术, 2008 (2).

[3] 郭玲红, 吴卫山. W 波段雷达导引头技术分析 [J]. 电子设计工程, 2012, 20 (23).

[4] 孙瑞锋, 张晓今, 杨涛, 等. 毫米波雷达导引头性能分析与研究 [J]. 现代防御技术, 2011, 39 (2).

[5] 王根, 王冬, 杨凯, 等. 毫米波导引头搜索扫描方案建模与仿真 [J]. 系统仿真学报, 2017, 29 (9).

[6] Caris M, Stanko S, Johannes W, et al. Detection and tracking of micro aerial vehicles with millimeter wave radar [C]. 2016 European Radar Conference (EuRAD), London, UK, October 5-7, 2016.

[7] 王军, 谷良贤, 王博, 等. 一种基于最优的毫米波导引头目标搜索扫描方案的改进 [J]. 弹箭与制导学报, 2013, 33 (3).

[8] 王军. 导引头搜索扫描捕获域分析 [J]. 弹箭与制导学报, 2005, 25 (1).

[9] 钱杏芳,林瑞雄,赵亚男. 导弹飞行力学 [M]. 北京:北京理工大学出版社, 2000.

[10] 郝英振,秦玉亮,李彦鹏,等. 毫米波导引头港口舰船目标识别技术 [J]. 雷达科学与技术, 2009, 7 (3).

[11] Titterton D H, Weston J L. 捷联惯性导航技术 [M]. 2 版. 张天光,王秀萍,王丽霞,等译,北京:国防工业出版社, 2007.

基于 SMDO-NGPC 的无人机姿态控制律设计

张立珍 傅健 陈玉林

针对无人机在飞行过程中存在的强非线性、快时变、强耦合，以及参数不确定和外部干扰情况下的鲁棒性差等姿态控制问题，本文采用基于滑模干扰观测器的非线性广义预测控制算法对姿态控制律进行了设计。该方法融合了非线性广义预测控制算法的良好动态性和滑模干扰观测器的强鲁棒性，将无人机的姿态分为快、慢两个回路并分别将该方法应用到两个回路的控制律设计中，最后设计出快、慢回路控制律表达式及滑模干扰观测器模型。仿真结果表明，基于滑模干扰观测器的非线性广义预测控制算法的无人机姿态控制律能够克服外界干扰及气动参数大范围摄动的影响，具有良好的控制性能和抗干扰能力，可以更好地适应无人机快时变、高精度和强鲁棒的控制要求。

1 引言

无人机（Unmanned Aerial Vehicle，UAV）是指一种有动力、能携带多种任务设备、可执行多种使命任务，并能重复使用的无人驾驶航空器。目前，已被广泛用于侦察、无线电中继、电子干扰、恶劣环境作业、喷洒农药、气象监测等军事和民事应用方面。由于其具备传统飞行器不具备的效费比高、人员零伤亡等方面的优势，无人机依然是当今航空航天发展的一个热点。

随着现代科学技术的发展，各国对无人机提出了更加复杂和困难的作战任务需求。然而，无人机在飞行过程中会呈现出强非线性、快时变、强耦合等特点，同时还存在外界干扰和建模误差等不确定性因素，使得控制系统的研究更具挑战。针对这种情况，文献［1，2］分别对动态逆控制方法和轨迹线性化（Trajectory Linearization Control，TLC）控制方法在无人机飞行控制系统中的应用进行了研究，取得了较好的控制性能，但这两种方法是以精准的数学模型为基础的，飞行控制系统的鲁棒性和抗干扰能力比较差。Clarde 研究了广义预测控制（Generalised Predictive Control，GPC）方法，该方法基于多步预测并进行滚动优化得到未来控制序列，适用于具有不确定性的复杂结构系统[3]。然而，其最大的问题就是由大量计算任务造成的延迟问题，从而得不到全局最优控制，甚至次优的局部最优解也无法得到。针对此问题，Chen 提出了非线性广义预测控制算法（Nonlinear Generalised Predictive Control，NGPC），该方法以跟踪误差为未来行为的性能指标，通过设计预测控制律以满足性能指标最优的要求，其避免了广义预测控制算法中大量复杂的计算任务，从而使飞控系统具有更好的动态性和鲁棒性[4]。但当系统建模动态误差、内部不确定性和外部环境干扰较大时，基于 NGPC 的飞控系统性能会恶化甚至失效。文献［5］利用非线性干扰观测器对不确定因素进行了重构，以期抵消干扰对系统的影响，然而在干扰重构的快速性和准确性方面有所欠缺。近几年来，对干扰重构最常用的方法是滑模干扰观测器（Sliding-Mode Disturbance

Observer，SMDO），其设计简单，易于实现且收敛速度快。文献［6，7］分别利用 SMDO 对歼击机超机动飞行过程中和近空间飞行器飞行过程中的不确定因素进行了重构，并与其他控制方法有机结合，取得了良好的控制效果。

因此，针对无人机在飞行过程中强非线性、快时变、强耦合等特点以及存在参数不确定和外部干扰情况下的姿态控制问题，本文将 NGPC 方法的良好动态性和 SMDO 的强鲁棒性相结合，将 SMDO-NGPC 控制策略应用到无人机的飞控系统中。最后，通过仿真比较，以验证该方法具有良好的动态性、鲁棒性和操作性。

2　SMDO-NGPC 算法

考虑如下非线性系统：

$$\begin{cases} \dot{x} = f(x) + g(x)u + D(x,u,d) \\ y = h(x) \end{cases} \tag{1}$$

式中，$x \in R^n$ 表示系统的状态变量，$u \in R^m$ 表示系统的输入变量，$y \in R^m$ 表示系统的输出变量，$D \in R^n$ 为复合干扰项，具体表达式可表示为 $D = \Delta f + \Delta g u + d$。其中，$\Delta f$、$\Delta g$ 为由系统的建模误差和内部不确定性产生的不确定因素，d 为系统外干扰。记为

$$f(x) = [f_1(x), f_2(x), \cdots, f_n(x)]^T$$
$$g(x) = [g_1(x), g_2(x), \cdots, g_n(x)]^T$$
$$h(x) = [h_1(x), h_2(x), \cdots, h_m(x)]^T$$

其中，$f(x)$、$g(x)$ 的各列均为 n 维光滑矢量场，且 h 沿着矢量场 f 和 g 的 Lie 导数[8]分别用 $L_f h(x)$ 和 $L_g h(x)$ 表示。将使得式 $L_g L_f^{\rho-1} h(x) \neq 0$ 成立的最小正整数称为系统的相对阶，记为 ρ。若对于任意 $\tau \in [0, T]$，均有 $u^{[r]}(t+\tau) \neq 0$，但当 $k > r$ 时 $u^{[k]}(t+\tau) = 0$，那么就说系统的控制阶为 r。

本文 SMDO-NGPC 算法的设计思路为：首先设计包含复合干扰项在内的 NGPC 算法控制律。然后，设计滑模干扰观测器对复合干扰项进行估计。因此，首先根据 NGPC 算法的思想，取系统在滚动预测时间

段 T 内的性能指标为

$$J = \frac{1}{2}\int_0^T e^{\mathrm{T}}(t+\tau)e(t+\tau)\mathrm{d}\tau \tag{2}$$

式中，$e(t+\tau) = y(t+\tau) - y_c(t+\tau)$ ($0 \leqslant \tau \leqslant T$) 为跟踪误差，$y(t+\tau)$、$y_c(t+\tau)$ 为系统在时间 τ 的实际输出和期望输出。

现假设系统的相对阶 $\bar{\rho}$，控制阶为 $\bar{r}$，将系统未来在时间 τ 的输出 $y(t+\tau)$ 在时刻 t 作泰勒级数展开，省略高阶余数，保留前 $\bar{\rho}+\bar{r}$ 项，则 $y(t+\tau)$ 的预测值为

$$\hat{y}(t+\tau) \cong \Gamma(\tau)\bar{Y}(t) \tag{3}$$

式中，$\Gamma(\tau) = [I_m \quad \bar{\tau} \quad \cdots \quad \bar{\tau}^{\bar{\rho}+\bar{r}}/(\bar{\rho}+\bar{r})!]$，$\bar{\tau} = \mathrm{diag}(\tau,\cdots,\tau) \in R^{m \times m}$。

$$\bar{Y}(t) = \begin{bmatrix} y^{[0]}(t) \\ \vdots \\ y^{[\bar{\rho}]}(t) \\ \vdots \\ y^{[\bar{\rho}+\bar{r}]}(t) \end{bmatrix} = \begin{bmatrix} h(x) \\ \vdots \\ L_f^{\bar{\rho}}h(x) \\ \vdots \\ L_f^{\bar{\rho}+\bar{r}}h(x) \end{bmatrix} + \begin{bmatrix} 0_{m \times 1} \\ \vdots \\ 0_{m \times 1} \\ \vdots \\ H(u) \end{bmatrix}$$

相应地，系统在时间 τ 的期望输出 $y_c(t+\tau)$ 也可表示为

$$\hat{y}_c(t+\tau) \cong \Gamma(t)\bar{Y}_c(t) \tag{4}$$

将式（3）和式（4）代入式（2），得

$$\begin{aligned} e(t+\tau) &= \hat{y}(t+\tau) - \hat{y}_c(t+\tau) \\ &= \Gamma(t)(\bar{Y}(t) - \bar{Y}_c(t)) \quad (0 \leqslant \tau \leqslant T) \end{aligned} \tag{5}$$

若要使得式（2）的性能指标最小，根据文献［4］中定理 1 的证明可知，考虑复合干扰项在内的 NGPC 算法控制律表达式为

$$u = -(G(x))^{-1}(F(x) + KM_{\bar{\rho}} - y_c^{[\bar{\rho}]}(t) + \Delta(x,u,d)) \tag{6}$$

其中，

$$G(x) = L_g L_f^{\bar{\rho}-1}h(x) \tag{7}$$

$$F(x) = L_f^{\bar{\rho}}h(x) \tag{8}$$

$K \in R^{m \times m\bar{\rho}}$ 取矩阵 $\bar{\Gamma}_{\bar{r}\bar{r}}^{-1} \times \bar{\Gamma}_{\bar{\rho}\bar{r}}^{\mathrm{T}}$ 的前 m 行，$\bar{\Gamma}_{\bar{r}\bar{r}}$、$\bar{\Gamma}_{\bar{\rho}\bar{r}}$ 定义如下：

$$\overline{\Gamma}_{\bar{r}\bar{r}} = \begin{bmatrix} \overline{\Gamma}_{(\bar{\rho}+1,\bar{\rho}+1)} & \cdots & \overline{\Gamma}_{(\bar{\rho}+1,\bar{\rho}+\bar{r}+1)} \\ \vdots & \ddots & \vdots \\ \overline{\Gamma}_{(\bar{\rho}+\bar{r}+1,\bar{\rho}+1)} & \cdots & \overline{\Gamma}_{(\bar{\rho}+\bar{r}+1,\bar{\rho}+\bar{r}+1)} \end{bmatrix} \quad (9)$$

$$\overline{\Gamma}_{\bar{\rho}\bar{r}} = \begin{bmatrix} \overline{\Gamma}_{(1,\bar{\rho}+1)} & \cdots & \overline{\Gamma}_{(1,\bar{\rho}+\bar{r}+1)} \\ \vdots & \ddots & \vdots \\ \overline{\Gamma}_{(\bar{\rho}+\bar{\rho}+1)} & \cdots & \overline{\Gamma}_{(\bar{\rho},\bar{\rho}+\bar{r}+1)} \end{bmatrix} \quad (10)$$

其中，$\overline{\Gamma}_{(i,j)} = \dfrac{T^{i+j-1}}{(i-1)!(j-1)!(i+j-1)}, i,j = 1,\cdots,\bar{\rho}+\bar{r}+1, T = \mathrm{diag}\{T,\cdots,T\} \in R^{m \times \bar{\rho}}$。

$$M_{\bar{\rho}} = \begin{bmatrix} (h(x) - y_c(x))^{\mathrm{T}} \\ (L_f^1 h(x) - y_c(x))^{\mathrm{T}} \\ \vdots \\ (L_f^{\bar{\rho}-1} h(x) - y_c^{[\bar{\rho}-1]}(x))^{\mathrm{T}} \end{bmatrix} \in R^{m \times \bar{\rho}} \quad (11)$$

式（6）中 $\Delta(x,u,d)$ 为复合干扰因素，具体表达式为

$$\Delta(x,u,d) = \frac{\partial L_f^{\bar{\rho}-1} h(x)}{\partial x} D \in R^m \quad (12)$$

接下来用构造的滑动模干扰观测器对复合干扰 $D(x,u,d)$ 进行估计：

$$\begin{cases} s = x - z \\ \dot{z} = g(x)u - v \\ \hat{D} = -(v + f(x)) \end{cases} \quad (13)$$

式中，$s = [s_1 \; s_2 \; \cdots \; s_n]^{\mathrm{T}} \in R^n$ 为辅助滑模矢量；$v = [v_1 \; v_2 \; \cdots \; v_n]^{\mathrm{T}} = Cs_\delta \in R^n$ 为切换函数设计项，其中 $C = [c_1 \; c_2 \; \cdots \; c_n]^{\mathrm{T}}$ 为系数项，$s_\delta = [s_{\delta,1} \; s_{\delta,2} \; \cdots \; s_{\delta,n}]^{\mathrm{T}}$ 为关于误差的连续函数，$s_{\delta,i} = \dfrac{s_i}{|s_i| + \delta_0 + \delta_1 \|e\|}$，$i = 1,2,\cdots,n$，$\delta_0$、$\delta_1$ 为常数；$e = y - y_c$ 为系统跟踪误差；$\hat{D}$ 为内外回路观测器对复合干扰的估计值。

根据李雅普诺夫第二法，令 $\xi = f + D = [\xi_1 \quad \xi_2 \quad \cdots \quad \xi_n]^T$，若满足条件 $C_i > |\xi_i|$，$i = 1, 2, \cdots, n$，则复合干扰观测值 $\hat{D}$ 可一致收敛至真值。进而，式（12）可变换为

$$\Delta(x, u, d) = \frac{\partial L_f^{\bar{\rho}-1} h(x)}{\partial x} \hat{D} \qquad (14)$$

3 基于 SMDO-NGPC 的无人机姿态控制律设计

3.1 数学模型

本文参考 X-系列验证机，以三角翼、水平鸭翼（无水平尾翼）、单垂尾翼、单发动机、带有纵向和侧向推力矢量的飞机为对象模型，同时充分考虑系统的不确定性、建模误差及外部干扰，以文献［9］的合理假设为前提，参照欧美坐标系，根据非线性刚体动态方程建模思想[10]，建立六自由度十二非线性状态数学模型，其中姿态角和姿态角速度方程式如下：

$$\begin{cases} \dot{\phi} = p + \tan\theta(q\sin\phi + r\cos\phi) \\ \dot{\theta} = q\cos\phi - r\sin\phi \\ \dot{\psi} = (q\sin\phi + r\cos\phi)/\cos\theta \\ \dot{p} = (c_1 r + c_2 p)q + c_3 l + c_4(n + n_T) \\ \dot{q} = c_5 pr - c_6(p^2 - r^2) + c_7(m + m_T) \\ \dot{r} = (c_8 p - c_2 r)q + c_4 l + c_9(n + n_T) \end{cases} \qquad (15)$$

式中，ϕ、θ、ψ 分别为滚转角、俯仰角、偏航角；p、q、r 分别为滚转、俯仰、偏航角速度；$c_1 \sim c_9$ 为系数；l、m、n 分别为作用于飞机上的滚转力矩、俯仰力矩和偏航力矩；m_T、n_T 分别为推力矢量产生的俯仰力矩和偏航力矩。

3.2 姿态控制律设计

为了简化控制器的设计任务，根据奇异摄动理论[11]，并结合无人机姿态角和姿态角速度随着外界变化而变化的快慢程度，将无人机姿态控

制系统分为慢、快两组动态回路，其中选取姿态角 $\Omega = \begin{bmatrix} \phi & \theta & \psi \end{bmatrix}^T$ 为慢动态回路状态变量，选取姿态角速度 $\omega = \begin{bmatrix} p & q & r \end{bmatrix}^T$ 为快动态回路状态变量，建立如下无人机仿真非线性方程组：

$$\begin{cases} \dot{\Omega} = f_s + g_s \omega_c + D_s \\ y_s = \Omega \end{cases} \quad (16)$$

$$\begin{cases} \dot{\omega} = f_f + g_f M_c + D_f \\ y_f = \omega \end{cases} \quad (17)$$

联立式（15）~式（17）及各参数表达式，可得

$$f_s = [0,0,0]^T$$

$$g_s = \begin{bmatrix} 1 & \tan\theta\sin\phi & \tan\theta\cos\phi \\ 0 & \cos\phi & -\sin\phi \\ 0 & \dfrac{\sin\phi}{\cos\theta} & \dfrac{\cos\phi}{\cos\theta} \end{bmatrix}$$

$$f_f = \begin{bmatrix} (c_1 r + c_2 p)q + c_3 \tilde{l} + c_4 \tilde{n} \\ c_5 pr - c_6(p^2 - r^2) + c_7 \tilde{m} \\ (c_8 p - c_2 r)q + c_4 \tilde{l} + c_9 \tilde{n} \end{bmatrix}$$

$$g_f = \begin{bmatrix} c_3 & 0 & c_4 \\ 0 & c_7 & 0 \\ c_4 & 0 & c_9 \end{bmatrix}$$

其中，$M_c = \begin{bmatrix} l_{ctl} & m_{ctl} & n_{ctl} \end{bmatrix}^T = g_{f,\delta}\delta$ 为滚转俯仰和偏航控制力矩，将其映射成控制舵面偏角 $\delta = \begin{bmatrix} \delta_a, & \delta_c, & \delta_r, & \delta_y, & \delta_z \end{bmatrix}^T$，$\delta_a$、$\delta_c$、$\delta_r$、$\delta_y$、$\delta_z$ 分别为副翼、水平鸭翼、单垂尾翼、发动机侧向偏角、发动机纵向偏角，$g_{f,\delta}$ 的具体表达式为

$$g_{f,\delta} = \begin{bmatrix} \bar{q}sbc_{l\delta_a}(\alpha) & 0 & \bar{q}sbc_{l\delta_r}(\alpha) & -\dfrac{X_T T\pi}{180} & 0 \\ 0 & \bar{q}s\bar{c}c_{m\delta_c}(\alpha) & 0 & 0 & \dfrac{X_T T\pi}{180} \\ \bar{q}sbc_{n\delta_a}(\alpha) & 0 & \bar{q}sbc_{n\delta_r}(\alpha) & -\dfrac{X_T T\pi}{180} & 0 \end{bmatrix}$$

其中，X_T 为发动机喷口到无人机质心之间的距离，取 8.5 m；$\bar{q} = \rho V^2/2$ 为动压；s、b、$\bar{c}$ 分别为机翼面积、机翼翼展和平均气动弦长；T 为发动机的推力。

参照相对阶 ρ 的定义，联立式（1）、式（16）、式（17），很容易得出本系统慢、快动态回路的相对阶均为 $\bar{\rho}=1$，通过控制阶的选取，对闭环系统稳定性影响因素进行验证，取控制阶 $\bar{r}=0$，代入式（7）~式（11），得

$$G(x) = L_g L_f^0 h(x) = g$$
$$F(x) = L_f^1 h(x) = f$$
$$K = \bar{\Gamma}_{(2,2)}^{-1} \times \bar{\Gamma}_{12} = \mathrm{diag}\left\{\frac{3}{2}T, \frac{3}{2}T, \frac{3}{2}T\right\}$$
$$M = e$$

因此，根据式（6）和式（14）得出考虑不确定因素，并基于 NGPC 的慢动态回路控制律表达式为

$$u_s = \omega_c = -g_s^{-1}(f_s + K_s e_s - \dot{\Omega}_c + \hat{D}_s) \quad (18)$$

式中，$K_s = \mathrm{diag}\left\{\frac{3}{2}T_s, \frac{3}{2}T_s, \frac{3}{2}T_s\right\}$，$T_s$ 为慢动态回路的预测时间，取 0.4 s；$\dot{\Omega}_c$ 由 ϕ_c、θ_c、ψ_c 经过一阶惯性微分环节 $\frac{3s}{s+5}$ 得到；慢动态回路的控制输出作为快动态回路的期望输入。

同理，基于 NGPC 的快动态回路控制律表达式为

$$u_f = M_c = -g_f^{-1}(f_f + K_f e_f - \dot{\omega}_c + \hat{D}_f) \quad (19)$$

式中，$K_f = \mathrm{diag}\left\{\frac{3}{2}T_f, \frac{3}{2}T_f, \frac{3}{2}T_f\right\}$，$T_f$ 为快动态回路的预测时间，取 0.4 s；$\dot{\omega}_c$ 由 p_r、q_r、r_r 经过一阶惯性微分环节 $\frac{15s}{s+15}$ 得到。

接下来，根据式（13）首先构造如下慢动态回路 SMDO 模型对不确定因素 D_s 进行估计：

$$\begin{cases} s_s = \Omega - z_s \\ \dot{z}_s = g_s \omega_c - v_s \\ \hat{D}_s = -(v_s + f_s) \end{cases} \quad (20)$$

式中,$s_s = [s_{s,1} \quad s_{s,2} \quad s_{s,3}]^T$;$v_s = C_s S_{\delta s}$,$C_s = \mathrm{diag}\{0.15, 0.15, 0.15\}$;$S_{\delta s} = [S_{\delta s,1} \quad S_{\delta s,2} \quad S_{\delta s,3}]^T$;$S_{\delta s,i} = \dfrac{s_{si}}{|s_{si}| + \delta_{s0} + \delta_{s1}\|e_s\|}$,$i = 1, 2, 3$;$e_s = \Omega - \Omega_c$;$\delta_{s0}$、$\delta_{s1}$均为常数,其值分别取 0.005 和 1。

同理,设计快动态回路 SMDO 模型为

$$\begin{cases} s_f = \omega - z_f \\ \dot{z}_f = g_f M_c - v_f \\ \hat{D}_f = -(v_f + f_f) \end{cases} \quad (21)$$

式中,$s_f = [s_{f,1} \quad s_{f,2} \quad s_{f,3}]^T$;$v_f = C_f S_{\delta f}$,$C_f = \mathrm{diag}\{5, 5, 5\}$;$S_{\delta f} = [S_{\delta f,1} \quad S_{\delta f,2} \quad S_{\delta f,3}]^T$;$S_{\delta f,i} = \dfrac{s_{fi}}{|s_{fi}| + \delta_{f0} + \delta_{f1}\|e_f\|}$,$i = 1, 2, 3$;$e_f = \omega - \omega_c$;$\delta_{f0}$、$\delta_{f1}$均为常数,其值分别取 0.01 和 1。

3.3 仿真分析

结合 X-系列验证机得到无人机结构参数和气动参数,具体数值如表 1 所示。

表 1 无人机结构参数和气动参数

质量 M/kg	10 617	惯性矩 I_{yy}/(kg·m^2)	77 095
机翼面积 S/m^2	57.7	惯性矩 I_{zz}/(kg·m^2)	95 561
机翼翼展 b/m	13.11	惯性积 I_{xz}/(kg·m^2)	1 125
平均气动弦长 $\bar{c}$	4.40	惯性积 I_{xy}/(kg·m^2)	0
惯性矩 I_{xx}/(kg·m^2)	22 680	惯性积 I_{yz}/(kg·m^2)	0

仿真试验中无人机初始条件设置为:质量 $M = 10\ 617$ kg,速度 $v(0) = 120$ m/s,高度 $h = 3\ 000$ m,初始姿态角 $\alpha_0 = 5°$,$\beta_0 = 0°$,$\phi_0 = 0°$,$\psi_0 = 0°$;初始角速率 $p_0 = q_0 = r_0 = 0$ rad/s。各个舵偏角限幅度 $\pm 30°$。

姿态制导指令 $\Omega_c = [3 \quad 0 \quad 0]^T$ (°),并在三个通道分别设计指令滤波器为 $\dfrac{4}{s + 4}$。

为了充分验证 SMDO-NGPC 算法在无人机系统中的控制性能,分别在无复合干扰和存在复合干扰两种情况下进行仿真验证。

1) 无复合干扰情况下的姿态跟踪控制仿真

当复合干扰 $D = 0$ 时,分别给出基于 NGPC 方案和本方案的飞行姿态控制系统的仿真曲线,如图 1 所示。

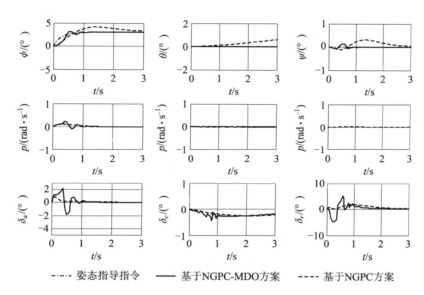

图 1 无复合干扰情况下两种方案的姿态跟踪仿真曲线

2) 存在复合干扰情况下的飞行器姿态跟踪控制仿真

仿真中假设气动力以及气动力矩系数存在 -50% 的不确定性,快动态回路在 $t = 0$ 时,分别于机体坐标轴的三个方向上加入如下外界干扰:

$$d_1 = 60\,000 \times (\sin 3t + 0.2)\,\mathrm{N \cdot m}$$
$$d_2 = 60\,000 \times (\sin 5t - 0.3)\,\mathrm{N \cdot m}$$
$$d_3 = 60\,000 \times \sin 4t\,\mathrm{N \cdot m}$$

存在上述复合干扰情况下,基于 NGPC 方案和本方案的飞行姿态控制系统的仿真曲线,如图 2 所示。

通过对图 1 中姿态角 ϕ、θ、ψ 的跟踪曲线分析可知:$D = 0$,即无外界复合干扰时，采用 NGPC 方案的闭环系统和采用 SMDO-NGPC 方案的无闭环系统均具有较好的控制性能，但对比过渡时间和跟踪精度可知，SMDO-NGPC 方案的控制性能要优于 NGPC 方案。通过分析图 2 中 ϕ、θ、ψ 的跟踪曲线可知：当存在外界复合干扰时，NGPC 方案的控制性能开始变得恶劣，θ 的跟踪曲线出现了明显的振荡。由于滑模干扰观测器能对复合干扰进行快速精确的补偿，SMDO-NGPC 方案仍能平稳且迅速地跟踪给定的参考指令，表现出良好的鲁棒性。

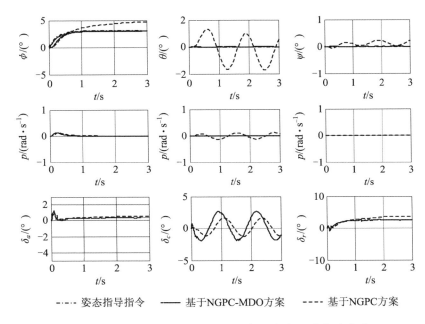

-·-·- 姿态指导指令　——— 基于NGPC-MDO方案　---- 基于NGPC方案

图 2　存在复合干扰情况下两种方案的姿态跟踪仿真曲线

仿真结果表明：引入 SMDO 的闭环系统具有更加优越的跟踪精度和过渡过程品质，且可实现对气动参数摄动和力矩干扰的平滑重构，具有更好的鲁棒性。对比两种控制方案，采用本文提出的 SMDO-NGPC 方案的无人机飞行控制系统具有更加优越的控制性能。

4　结束语

本文针对无人机在飞行过程中由于参数不确定或未知干扰而产生

的鲁棒性差等姿态控制问题，深入研究了基于 SMDO-NGPC 算法的无人机姿态控制方法，并详细阐述了其设计过程，最终设计出基于该方法的姿态控制律表达式和滑模干扰观测器模型。通过与 NGPC 方案在存在和不存在复合干扰两种情况下的性能进行分析比较，证实了 SMDO-NGPC 方案的优越性，并得出以下主要结论：

（1）SMDO 技术可以较好地实现对复合干扰的估计，并对控制律做出补偿，抵消其对系统的影响。

（2）SMDO-NGPC 控制方案能够较好地克服外界干扰及气动参数大范围摄动的影响，具有良好的控制性能和抗干扰能力，可以更好地适应无人机快时变、高精度和强鲁棒的控制要求。

参考文献

[1] 李春涛，胡盛华. 基于动态逆的无人机飞行控制律设计［J］. 兵工自动化，2012（5）.

[2] Zhu J J，Banker D，Hall C E. X-33 ascent flight control design by trajectory linearizationa singular perturbation approach［C］. AIAA Guidance，Navigation and Control Conference and Exhibit，Denver：AIAA，2000.

[3] Clark D W. Advances in model-based predictive control［C］. International Journal of Adaptive Control and Signal Processing，1995（9）.

[4] Chen W H，Balance D J，Gawthrop P J. Optimal control of nonlinear systems：a predictive control approach［J］. Automatica，2003，39（6）.

[5] 朱亮，姜长生. 基于非线性干扰观测器的空天飞行器轨迹线性化控制［J］. 南京航空航天大学学报，2007，39（4）.

[6] 宫庆坤，姜长生，吴庆宪，等. 基于滑模干扰观测器的歼击机超机动飞行控制［J］. 电光与控制，2014，21（11）.

[7] 陈路，姜长生，都延丽，等. 基于滑模干扰观测器的近空间飞行器非线性广义预测控制［J］. 宇航学报，2010，31（2）.

[8] Isidori A，王奔，庄圣贤. 非线性控制系统（第三版）［M］. 北京：电子工业出版社，2005.

［9］ 高俊，王鹏，侯中喜．基于改进 PID 算法的无人机变速度控制［J］．华中科技大学学报（自然科学版），2015（10）．

［10］ 戴永伟，钱志娟，董茂科．基于神经网络的无人机飞行智能控制技术研究［J］．数字技术与应用，2012（7）．

［11］ 王峰．无人机飞行运动建模与自主飞行控制技术研究［D］．南京：南京航空航天大学，2008．